前言

奉茶奉出一片天

這些年，科技業、網路業、自媒體等新創事業非常火熱，對很多年輕人來說，相當具有吸引力。相對的，一份行政工作、一個祕書職，看起來似乎無趣了點，因此，在授課的過程中，常有學員問我：「行政工作能做多久？這麼容易被取代的工作，有前景嗎？」

我剛踏入社會時，雖然沒有現在這麼發達的數位裝置與軟體，但那時我就盡可能把工作系統化、模組化，以利建立資料庫、歸檔。我手中就保留不少當年做的表單，其中一份檔案是一九九六年製作，檔名爲「重要訪賓飲品登錄表」。

學員們一看到這張表單，都驚呼連連：「飲品竟然也可以有登錄表？」

沒錯！因爲表單上的人，都是創造我們公司八〇%業績的那二〇%客戶。

當年還是小祕書的我，沒有人教我要這麼做，但我總是想著如何幫公司加分、如何幫老闆多爭取一些訂單。所以我就在想，如果能讓這些重要訪客覺得我們公司做事細膩、穩定，是不可多得的好夥伴，那麼生意一定會成交，訂單甚至會追加。

在我職責分內可以發揮的，就是把重要客戶喜好的飲料牢牢記住，總不要每次來，每次問。雖然這也不是問題，而且大部分的祕書都這麼做，但如果你能主動奉上一杯他喜歡的茶，那一定會讓對方非常開心。

這就好像我們去買飲料，飲料店的店員一看到你，馬上知道你喜歡珍珠奶茶、三分甜、去冰，我相信你一定會感覺很好。

這張表單登錄的內容包括姓氏、職稱、公司、喜好飲品、特殊需求等，最重要的是，這張表單只有我自己知道，不會被其他人看見。表單不是寫寫就算了，必須熟記上頭的客戶資料，當客戶來，我的應對就很自然。

舉例來說，林董事長來訪，他喜歡碧螺春，我不是默默奉上這杯茶就離開，而是在奉上這杯茶時說：「林董事長，這是您喜歡的碧螺春。」

他非常驚訝我怎會知道。

「您三月十五日來訪時，說過您喜歡碧螺春。」

「妳怎會記得這些細節？」

「老闆有特別交代，您是我們公司最重要的客戶！」

接下來的局面可想而知，這位客戶的訂單一張都不會少，還會追加。

我的老闆看到我用這種方式奉茶，也嘖嘖稱奇，不斷讚美我，直說我超厲害。

連客戶都跟我老闆說：「你的祕書很厲害，讓我不好意思不多下一點訂單。」

奉茶，怎會只是奉茶而已？

多一點心思，多一點企圖心，你的工作與角色就會不一樣。

這裡我以行政工作爲例，然而，任何工作、職位的道理都一樣，你如何把自己從「成本」變成「創價」？當你能在自己的崗位上爲公司加分，你就是創價單位，你就是爲團隊加分的要角。

從基層晉升到中階主管，同樣的細膩心思，你不需要親力親爲，但要懂得帶領團隊，把這些細節交給部屬執行。

你只要顧全大局，讓團隊不要落掉節奏，盡可能幫助他們補強任何疏漏，如此一來，當你帶領的每一位同仁，都能在其崗位上發揮最大的潛力，自然會爲公司帶來亮眼的績效。

我大學念的是企管，第一份工作是收發，一路從基層行政、祕書、幕僚，做到董事，我想告訴你的是，不管在哪個位置、哪個角色，精神與態度是最後決定自己能否被看見、勝出的關鍵。

也許是家庭教育的關係，父親總是叮嚀我們：工作上，我的付出是否與薪水相符？因此，薪水對我來說反而是次要，我更在意的是，每天上班時，是否都學到一件新鮮事？有一項新的挑戰？這樣才能眞正保持熱情。

唯有你看重自己的角色，並且能以團隊的視野看到整體績效，這麼一來，你將不再只是爲自己做事，而是看到更恢宏的藍圖，爲公司帶來效益，也爲自己擴展價值。

別小看奉茶，請隨時回頭看看自己第一份工作背後的熱情！

CONTENTS

前言　奉茶奉出一片天　003

序章
做好微不足道的小事，成爲職場精品

1 從成本單位變創價單位，從日常品變精品　014
2 變遷中的職場工作者角色與未來趨勢　022

第1章
職場的煩惱，都是人際關係的煩惱
——對上、對下、橫向溝通的要點

1 工作一陣子，朋友一輩子　030
2 最尷尬難熬的中階主管　036
3 當我寫下「奉董事長指示」　043
4 不要當傳聲筒，成爲部門之間溝通的橋梁　054

CONTENTS

5 多傾聽，多表達 059
6 偶爾吃苦當吃補，但要釐清權責 065
7 如果眞的被要求背黑鍋，怎麼辦？ 071

第2章 主管難爲
——帶人先帶心！成爲主管後，要和團隊一起成長

1 享受孤獨，是主管必須學習的功課 080
2 從自己做起，把自己放在對的位置上 091
3 當主管一定要做到的三件事 098
4 觀念傳承，不能將錯就錯 105
5 協助主管成爲眞正的主管 115
6 教導新人，別再提當年勇 122

CONTENTS

第3章
時間永遠不夠用
——追求更好的效率，是工作者永遠的功課
1 建立SOP，就不需要事必躬親 132
2 充分運用被忽視的八〇%時間 139
3 善用科技產品，爲工作加分 144
4 視訊會議不是看電視聊天 150

第4章
爲什麼上面總是不授權？
——打破職涯天花板，向高階挺進的關鍵
1 提升我們在職場上的「價值感知力」 156
2 爲什麼主管總是不授權？ 163
3 讓自己值得被信任 170

CONTENTS

4 這又不是我的工作 178
5 你還可以爲公司貢獻什麼？ 185
6 懂得放下，你就強大 190
7 向高階挺進的關鍵：你是主管愛將嗎？ 198

第5章
累積微差力的商業禮儀
——說話、書面溝通、應酬都是智慧

1 我們眞的會說話嗎？ 204
2 字裡行間的意義 215
3 社交禮儀：交換名片、稱謂使用、手機禮儀 229
4 應酬禮儀：點菜、敬酒的學問 237

附錄 職場加油站，職涯Q&A 245

序章

做好微不足道的小事，成爲職場精品

1 從成本單位變創價單位，從日常品變精品

你如何能讓公司認為聘用你，是從花錢單位，變成為公司帶來價值的賺錢單位？

工作態度與定位的認知，決定一切。

從成本單位變創價單位

我們在公司裡，不能一直把自己當作是花錢的「成本單位」，而忘了站在老闆的立場，用「創價單位」看待自己。

成本單位就是我們在填履歷的時候，會介紹自己待過哪家公司、年資多少、薪資多少等。老闆在用人的時候，他也會想：用這樣的成本聘用你，你可以創造出多少價值？如果給你十萬元，你還可以多做哪些事情？

舉例來說，公司聘了一位行銷部門主管，他不只會做行銷企畫，還會做媒體公關、寫新聞稿。這樣的人對公司來說，一個人可以抵好幾個人，他已經從成本單位變成創價單位。

學習從更高的角度思考，發揮自己的極限，就能從成本單位變成創價單位。

日常品是民生必需，但精品才會無可取代

先問大家一個問題：什麼是日常品？什麼是精品？

日常品就是柴、米、油、鹽、醬、醋、茶、衛生紙等，這些日常品在我們生活中缺一不可，但幾乎沒有什麼品牌是不可取代的。

舉例來說，過去曾不只一次發生衛生紙搶購現象，搶購當下，大家幾乎都是不挑品牌，「搶到就好」是目標。可能你本來固定用某品牌，但在搶購潮中，用了別的牌子，發現也不壞，等到供需恢復平衡之後，也許你就不會再回過頭用之前的品牌。這就是「日常品」，取代性很高。

可是，如果你今天要買一個愛馬仕包包，首先你得是熟客，必須經常消費，下訂前還要排隊登記，預付訂金，才能買到包包。這就叫做「精品」。

職場中，你要成爲愛馬仕精品，還是容易被取代的衛生紙？

這不是你自己認爲就可以，而是與你的工作態度有關，高層會根據你的表現將你定位。

職場上，有些人讓我們覺得某些事就是非他不可。他不在，老闆就覺得少了很多熱絡氣氛，會議可能因此暫停。可能不只是老闆，整個辦公室氛圍都彷彿認定這件事沒有他就是不行。

這就是跟這個人平常給人的感覺有關，有他在，可以讓人很放心，他是安定的基本盤。

大家可以自問：在一個組織裡，我有沒有對內探勘、對外掌握情勢的能力？

比如，我對上司是否有洞察力，能否掌握辦公室政治，有布局策略，了解產業資訊與外界情勢，包括競爭廠商等。

很多人並不會想到這個層面，只覺得工作就是把事情做完就好。做完與做好，就決定你的定位。

三個情面：事情、心情、感情

工作態度涵蓋三個情面：

事情：我所面對的事情。

心情：我所面對的對象與他的心情。

感情：我要應對的對象與他的感情。

事情：我所面對的事情

我們判別一件事重要與否，經常是以自己的想法來判別。但事實上，我們應該以對方的態度來判別。根據我們傳遞的訊息對對方造成的影響波動大小，來判斷事情的重要性。

我們會覺得某人很白目，正是因爲覺得他沒有認清環境，不管對方在想什麼，只顧講自己想講的。

我就曾犯過類似的毛病，老闆在講某件事，我想到另一件事就插播進去。老闆當下會認爲：「妳這件事很重要嗎？爲什麼要岔開話題？」偏偏當時我還覺得很重要，老闆因此認爲我是一個沒有判斷力的人。

當你收到一則訊息時，你要能夠判斷事情重要與否。先扣住訊息，將訊息內化之後，再抓出綱要回報。

例如：「有三件事情向您回報。」先點出有三件事情，再說明第一點、第二點、第三點。主管就會覺得你的工作方式很有條理且完整。不要用「我跟你說」「再來」「然後」，這樣聽起來鬆散、冗長、沒有重點。

抓緊時機，立刻回報，不管輕重都要讓主管知道。用這種提綱挈領方式，可以讓主管專心聽你說。

心情：我所面對的對象與他的心情

你要觀察主管當下心情是好是壞，如果他心情好，就可以面對面口頭報告，他的情緒波動也不會太大。

如果主管心情不好、事情也不急的話，就不要面對面口頭報告，或者暫緩報告，等時機好一點再報告，以免招來主管的壞情緒。

至於報告的方式，我們可以用紙本條列的方式。先蒐集資料，並研議一個可行替代方案再報告，讓主管知道這件事最壞的狀況，以及有什麼替代方案。

感情：我要應對的對象與他的感情

比較有交情的主管，我們自然會比較清楚他的情緒起伏，但如果面對的是不那麼熟的主管，我們要怎麼表達？

我們向主管報告的時候，可以記住「5W1H」，也就是什麼事情（What）、什麼人（Who）、什麼時間（When）、什麼地點（Where）、爲什麼（Why），然後我會怎麼處理（How）。以這種方式來陳述，報告就會簡潔有力，抓住重點。

不管事情是不是我們可以決定的，但我們可以決定自己的應對方式。要記得，面對不同的狀況、不同的主管，我們要隨時調整自己的應對方式，不要讓主管對你的工作態度產生負面看法。

同樣的，如果你是主管，面對部屬，你也必須適時調整自己的應對方式。當部屬做得好，不要吝惜給予鼓勵；若做得不好，你也要指導他，而不是挑剔他。

日本經營之神松下幸之助把管理歸納成三個階段：請跟我來、我支持你、我謝謝你。我們在組織裡也要做到這三件事情，用這三句話來溝通，就可以扮演好承上啟下的中階主管角色。

2 變遷中的職場工作者角色與未來趨勢

現在的九〇後進入職場，必須具備更多元的才能，更有創意、更靈活，一個人要能做更多事情。

同樣的，算是職場老鳥的中階幹部，也要讓自己具備各項才能，力求不敗。

成為 Power Man 的八件事

主管必須很有能量，才能扛得起職場中間人的角色。

中階主管如何成爲Power Man？以下將這兩個英文字拆解給大家參考，自我評量。

1. P：Plan **計畫能力**
2. O：Organization **組織能力**
3. W：Win-Win **雙贏能力**
4. E：Expression **表達能力**
5. R：Resilience **韌性能力**
6. M：Management **管理能力**
7. A：Analysis **分析解決能力**
8. N：Need **需求判斷能力**

計畫能力、組織能力、雙贏能力、表達能力、韌性能力、管理能力、分析解決能力，除此之外，中階主管還必須具備需求判斷能力。

碰到問題時，你要能好好發揮，做到這幾件事。培訓同仁的時候，進行一對一指導的時候，不能只出一張嘴，而是要做給同仁看。

在我的科技公司裡，許多員工學歷都非常高，台、清、交碩博士很多。然而，工作十年之後，如果沒有跟著趨勢前進，只固守著畢業時的工作模式與專業技能，就會停留在原地，沒有辦法再擴展新的技能。

職場工作者的角色，會隨著趨勢不斷變化。

尤其科技業，資深工程師覺得新的軟體是偷吃步，不牢靠；年輕工程師則覺得資深工程師的做法過時，效率不佳。兩人的爭端當然很難定奪，但對主管來說，只要能有效率地處理問題就好。

資淺的同仁當然能比較快速地把事情做好，但身爲主管，又不能傷了資深同仁的心。

資深的人不一定資優。

很多資深的人可能不喜歡這句話，但是他沒有想到，他的技術與經驗，只能滿足他的溫飽，並不能持續反映在他的薪資上，因爲他沒有持續進步。

誰越能與未來接軌，誰就越能勝出。

中階主管普遍年輕化的原因也在於此。

我們必須不斷學習新的做法，例如，現在很多作業流程都已經電子化，這技術剛出來的時候是新鮮的、進步的，但現在已經是基本功。

如果資深者一直耽溺在自己的象牙塔裡，沒提升自己，變成資優，就會被淘汰。

許多資深者會爲了生存而留一手，用小事情掐住老闆脖子，自以爲握有尚方寶劍。很多公司的老臣都是這個樣子，導致公司一些事情沒有辦法接軌，零零散散的。

中階主管要協助這些人腦袋軸轉，讓他們與世界接軌，也讓他們把緊握在手中的小事情交出來。

未來的工作變遷

過時的技術會被新的能力取代，所以我們要加強新的能力，包括：複雜問題的解決能力、體力、寫作能力、判斷決策能力、系統操控能力、流程設計能力、維修能力、邏輯聆聽能力、他人與自我觀察能力、資源管理能力（包括人力與財務）、創造能力，以及認知能力與社會服務能力。

面對社會變遷，我認為以上幾項能力是必備的。

此外，中階主管也必須時刻與時事接軌，熱門的時事、熱門的戲劇、重要的話題，你都知道嗎？

我經常提醒中階主管要多看新聞，了解一些重要議題，例如：什麼是元宇宙？什麼是超級政府？什麼又是科技巨獸？

這些能力與知識在中階主管的職涯中都必須不斷擴展。

中階管理者的主要工作，在於合理地結合與協調各種資源，以完成組織的既定目標。當職務逐漸向上爬升時，技術能力的重要性逐漸減低，而人性應對及理念溝通能力的重要性則逐漸增加。

但是，有些人當了中階主管，就急著往上爬，聚焦在眼前的工作上而忘了持續擴展自己的能力。

當你往前走的時候，也是在爲部屬帶路，所以你不能只是做你眼前的事。

不只是人，公司的體制與思維也會老化，需要新陳代謝。面對趨勢的變遷，公司也會面臨一些挑戰，例如永續發展目標、公平待客原則、社會少子高齡化等問題，必須與時俱進。

唯有不斷地往前，我們才能成為更優質的人，不怕被淘汰。

第1章

職場的煩惱，都是人際關係的煩惱

——對上、對下、橫向溝通的要點

1 工作一陣子，朋友一輩子

職場中的煩惱，通常都是人際關係的煩惱，包括與上司、下屬和同事之間的關係。建立良好的人脈關係非常重要，但不能僅僅只是建立表面上的關係，而是要眞正去珍惜和把握身邊的人，因爲他們有可能是我們生命中的貴人。

貴人就在你身邊

我在帶領員工時，都會告訴他們這麼一句話：「工作一陣子，朋友一輩子。」

當我們有所成就，成爲職場紅人時，更要廣結善緣，因爲貴人就在你身邊。

待人接物的過程中，不要大小眼。不要因爲身分地位不同，就對身邊的人有高低之別。我們不是一直向上看，也要懂得向下看，對於基層的人，更要表示尊重。

例如，公司的清潔人員在維持辦公室環境方面，做了很多不易的工作，我們應該加倍尊重他們。逢年過節，客戶都會送禮，我們應該挑選最好的禮盒送給打掃阿姨。因爲對於公司高層來說，這些昂貴禮物是司空見慣，但對於基層員工來說，可能比較少有機會收到這樣的精緻禮物。

如果請同事吃飯，也要讓他們去最好的餐廳。因爲對於基層員工來說，要去高檔餐廳，機會可能比較少。

作爲領導者，我們應該成爲待人接物的良好典範，希望員工可以在我們身上學到爲人處事的心意與做法。

只要同仁有心，我們都願意分享，可以教的，我們會盡量給。

看起來像是我在分享，但同時我也不斷在學習。當我不藏私地把我的祕密武器亮出去，也表示我會再往更高、更多的層面去開展。

分享的同時，也會激勵我虛心學習，如此一來，我就能不斷地練劍、磨劍，更好地完成自己的工作。

友誼是我們最大的財富

當有一天，不管你的身分或職位如何轉變，有人願意跟你保持聯繫，那才是眞正的朋友。反之，如果你只是在工作時認識某些人，下班後就失去聯繫，這表示你們之間的關係可能很淡薄。

因此，廣結善緣非常重要，不論你的信念或地位，都應該眞誠地與人交往，不要只是想著利用對方。只有彼此眞誠地對待和尊重，才能建立眞正的人脈，而不是表面上的關係。

建立自己的人脈資料辨識系統也很重要，尤其是對於基層祕書等需要與許多人接觸的職位。以下是一些訣竅，提供給大家參考：

管理名片

管理名片是基本功，你可以在名片上註記這個人是透過誰、在什麼場合結識的，這些細節非常重要。

記下特殊點

記下每個人的特殊記憶點，例如髮型、眉型、身高、體重，或是長得像某人等外貌特徵，以及他們的興趣、特長、喜好、產業等。

這些細節可以幫助你更深入認識這個人，並且有助於你在以後與他們建立更好的聯繫。

從談話中聆聽

從談話中進一步了解這個人的背景、家庭、工作經歷等，包括他的工作職務與專長，你也可以藉此擴大自己的生活圈。

與人交談時，要注意聆聽對方的談話，這可以讓你更加了解他們的想法和經驗。

我就曾經在談話過程中，發現對方的小學死黨是我高中最好的同學，這份關係又加深我們之間的某種情感，增加信任並擴大合作關係，最後眞的促成了一大筆合作案。

雖然這樣的事情並非百分百會發生，但至少是進一步發展的基礎點。

我們可以藉由共同認識的中間人來展開話題，也可以透過中間人了解這個人的興趣、嗜好等細節，爲未來的互動搭起橋梁。

友誼很可能只是來自一個簡單的喜好，比如喜歡同樣的食物、開同樣的車、穿同樣品牌的鞋子，或是提同樣品牌的包包，這些都是話題。

建立人脈時，你要放下主管姿態，以交朋友的心態擴大生活圈，這些朋友自然會在某些不經意的時候，成為你的重要人脈與財富。

2 最尷尬難熬的中階主管

嚴格說來，中階主管並不好做，夾在上下之間，一個不小心，就容易變成吃力不討好的夾心餅乾。

中階主管究竟如何恰如其分地在職場中發揮自己呢？

〈案例〉接任小主管是對的嗎？

剛當上中階主管的小方，只有第一週風風光光，同事恭喜他，主管看好他，然而，開心的時間很短暫，緊接著就是讓他喘不過氣來的壓力排山倒海而至。上面有上面的想法，下面有下面的抱怨，而他自己原本的計畫全被打亂了不說，對上、對下還不斷發生爭執。

這種狀況讓小方開始懷疑：接任小主管是對的選擇嗎？

以上的場景，經常發生在公司組織架構裡的中階主管身上。當你還是基層員工時，多半只需要執行指令就好，就算提出創意、企畫，也都有主管爲你扛責。

但是，成爲小主管之後，有一部分的你，就是發號施令的人，這意味著你成爲扛責的人。

換言之，如果部屬做錯事，你必須一肩扛起，因爲上層主管不一定會幫你。主管不把更多責任丟給你背責就不錯了，別奢望他會挺你。如果上層主管跟你說：「我又沒有叫你這樣做，這是你自己的意思。」你別訝異，也不用憤怒。

坦白說，中階主管比基層員工還辛苦，這也是爲什麼很多人不太願意接任中階主管的原因。因爲當基層員工比較輕鬆，中階主管的加薪幅度也沒多高，頂多多個三千、五千，做的事情卻比基層員工多很多。

偏偏中階主管是向上晉升不得不經過的階段，這對在職場上的人來說，根本是兩難處境。

如果能熬過這個階段，成為高階主管之後，薪水、福利等條件又會優渥許多。

在中階主管這個尷尬難熬的階段，如果上層主管挺你，那就沒問題，萬一你沒這麼幸運，遇到喜歡卸責的主管，甚至還會越過你，跟你的部屬結盟，兩邊不是人的你，該怎麼辦？

中階主管與基層員工的不同

在職場上，中階主管很容易陷入兩難。

比方說，要聽誰的話，是要聽幫我做事的人，還是要聽我的直屬主管？

事情該怎麼做，要不要考慮主管的態度？哪個比較凶、哪個比較苛薄，甚至討人厭？哪個又比較會要求？

是要按原定計畫進行，還是要隨時判斷哪件事比較重要，優先去做？中階主管常常困在這樣的兩難之中，花很多心力不斷交戰。

我們要評估突發狀況發生的可能性、延伸的問題、損失等，並學習如何向主管回報。

如果已經排定計畫，也要跟主管回報計畫會順延到什麼時候、如何重做安排。

如果計畫撞期，也要安排優先順序，讓每件事都可以循序漸進完成。

至於態度方面，如果面對的主管態度眞的很差，我們也要盡量避免當下直接指責，或者回以不好的口氣。

我們只要釐清導致他態度不好的原因，不需要放大檢視這件事。我們應該聚焦在如何完美地解決事情，而不是針對某個人的態度，因爲有些人表達方式就是這樣，並非針對性的。也就是說，首要之務是解決事情，態度是次要。

有些人會搞不清楚狀況，反過來指責主管：「你叫我做事，態度怎麼不好一點？」

說真的，主管才不會管你這麼多。這樣跟主管對立，只會讓我們自己退回到基層員工的角色，忘了自己是小主管。

用柔軟的身段捍衛自己的立場

成爲主管之後，要有自己的原則與選擇，最起碼要學會選擇。

高層主管大於直屬主管，董事長的意志比總經理更重要，當兩人的意見相牴觸時，我們要去釐清、確認，而不是自己猜測，或是直接用「董事長說什麼」「總經理說什麼」來背書。

如何用柔軟的身段捍衛自己的立場，這很重要。

我們要很清楚自己可以接受的底線在哪裡，除非別人對你進行人身攻擊，否則在職場上的應對進退，能夠保持柔軟，後退一步是最好的。

我也是在擔任主管之後，才眞正懂得如何與人相處，感受到職涯眞正的成長。

在工作中，很多時候不是完全依照自己的意思來執行，而是同時必須成就他人。有時候是做他人期望的事，這可能不是自己想做的事，但你必須嘗試，而非一直用自己認定的想法做事。

在我還是基層員工時，很容易站在自己的角度考量，如果不喜歡這個職場、這份工作，我換一個工作就好。

但是，成爲主管之後，我的應對進退會比較圓融，比較懂得自省，也開始學習如何交辦一件事情，讓對方心悅誠服地執行。

中階主管上面還有高階主管，主管還是會指導我們做事。當主管給予的指導與我原來的想法不同時，我通常都會先自省，然後跟主管道謝。

我會非常珍惜主管給我的忠告，感謝他的指導。因爲我相信，主管願意告訴我這些，表示他希望我更好。我也會把這些感覺很坦白地跟主管說。盡量降低我們在組織裡的摩擦，自己在職場上的評價也會慢慢提升。

職場表現取決於個人能力，還取決於與他人的合作和良好關係。只有在相互幫助、尊重和支持的力量下，個人才能充分發揮潛力，實現自己的想法；組織也才能夠建立強大的團隊，實現更大的目標。

在每件事情上思考如何成就他人，與團隊一起成長茁壯，我們才能在職場上取得真正的成功。

3 當我寫下「奉董事長指示」

中階主管必須要有人際溝通的能力，多一些觀察、多一些思考，可以減少一些人際衝突，人與人之間的關係就會變得比較好。

中階主管多半從公司基層做起，對公司也都很了解，若用人體比喻，高層是頭部，中階是腰部，基層是腳，因此中階要很有彈性，可以前後轉動、上傳下達。

如果中間核心無法領會上意，又無法領導下屬，就可能成為組織裡的障礙。

此外，身為核心的中階主管要抱持正向態度，帶領部屬往前邁進，成為指引。

〈案例〉奉董事長指示……

這是我自己的故事。

我的董事長個性比較急，事情交代下來，就要我馬上去做。對當時的我來說，沒有思考的時間，也沒有思考的能力，所以我很容易在電郵裡寫下「奉董事長指示……」作爲開頭。

這幾個字就這麼被我掛在嘴邊，以表明我所有的立場跟意見都是老闆指示，不是我說的。

直到有一次爆發衝突，我才知道這麼說的嚴重性。

那次，我跟主管們要資料，並限期當天下午三點前交給我，我在電郵裡這樣寫：「奉董事長指示，請各位主管們在今天下午三點前把昨天的會議資料彙整給我。」

結果，有一位副總回信問我，董事長是什麼時候指示的。

我回信說，董事長是在今天早上九點指示。

接著，他又回信說，董事長昨天晚上跟他說，他的資料可以晚一天再交。

我一看到，立刻再回信，試圖徹底執行「奉董事長指示」，我寫道：「可是董事長是今天告訴我的。」

大家可以想像，我們兩人就在那邊用電郵打筆仗，一來一回，我記得往返有八次吧。

結果，我被董事長叫進他的辦公室。

「妳今天很閒嗎？」董事長問我。

「我很忙啊！」我說。

「既然很忙，怎麼會有時間用電郵打口水戰？」

董事長這句話讓我一時間摸不著頭緒，有點莫名其妙。

我就說，我都在工作，沒有打口水戰。

董事長就把我和副總往返的電郵秀給我看。當下我整個人都嚇傻了，原來，副總把我們往返的電郵都以密件副本的方式同步寄給董事長。

董事長又問我：「妳知不知道副總要的是什麼？」

我當時很生氣，就回道：「他就是不想做啊！壓根兒就是反抗我給的指令。」

董事長告訴我，副總要的只是一份尊重，因爲他會認爲，以我的職位來說，應該是來請示跟請教，我必須尊重他，而不是對他下命令。畢竟我不是董事長，不能用董事長的話命令他們。

董事長還告訴我，如果我只會說「奉董事長指示」，那他就不需要我了，「我只要有一個聽聲辨字的機器人就可以了。」

我這才發現自己很像個機器人，不過是聽命行事的傳聲筒。我拘泥在「奉董事長指示」這六個字，並未眞正了解副總要的是什麼。他要的只是一份尊重。

雖然董事長講得很有道理，但我一時間還是怒火難消，我認爲明明就是副總不想做事，還把電郵密件副本給董事長，根本是打小報告！

我回座以後，索性就打電話過去，準備和副總把話攤開來說。

讀者有沒有發現，我忘了一件事？他是副總，而我只是董事長的特助而已。以位階來說，他是比我高的，我竟然沒意識到這件事。還好，我打電話過去時，他正在電話中，沒有接到我的電話，否則，我一定又會釀出一波新的風暴。

先釐清情緒、處理情緒

大家在職場上多少都會遇到像這樣情緒很難處理的狀況，怎麼辦？

從簡單一封電郵就可以看出很多細節。如果我在信件一開始加一點引言，而不是一句「奉董事長指示」就想了事，收信的人感覺也會比較好。

所以，我的情緒不是在被董事長教育後才產生，包括我在寫這封電郵、與副總之間的電郵往返，都有情緒。

該如何處理情緒？內省很重要。

我們要觀察事件、觀察情緒、觀察不合理的思考模式。

觀察事件

當情緒上來時，我們要先觀察這整個事件，釐清到底發生什麼事，導致自己的情緒變得這麼糟糕。

了解事件，才能夠溝通與表達，而不是像當時的我，只會拿董事長來背書。

觀察情緒

觀察在這事件當中，哪一點讓自己覺得最痛？最難過？

以這個案例來說，最讓我難過的點是，當董事長說：「既然很忙，怎麼會有時間用電郵打口水戰？」這個點就是我情緒爆開的時候。因爲我覺得自己被戳破了，好像我說了一個謊被揭穿一樣，很窘，我就會想用更多的謊去掩蓋、辯解。

接著再觀察，哪些點讓我產生負面情緒，比方緊張、害怕、衝動、神經質、傷心等。當我們知道哪些點會讓自己不好受，就可以避免這些負面情緒出現。

觀察不合理的思考模式

以偏概全、過度推論，都是不合理的思考。

舉例來說，當董事長說我跟副總在打口水戰的時候，我開始擴大想像：「董事長是不是認爲我一天到晚都在跟別人打口水戰？」因爲我的過度推論，把單一事件無限放大，覺得一切都糟透了！

當我們覺察到這樣的狀況，就要去改變、停止不合理的思考模式。這樣情緒才能夠收斂，讓自己自由，不然就會一直陷在負面情緒裡頭打轉。

主管的話，要內化後再轉達

回到一開始的電郵，我如果要調整，應該怎麼做比較好？

我可以這麼寫：

「爲了快速達成部門之間的會議資料整合，煩請各位主管們盡快把資料彙整給我，以利我協助各位統整資料，交給董事長。」

這樣的表達方式，清楚說明我的目的，也尊重主管們，而不是拿著「奉董事長指示」的令牌去施壓。若有哪位主管不清楚，我也應該私下與他討論，而不是在群組中公開用電郵你來我往，變成口水戰。這樣才能顧及彼此的感受。

當我們成爲中階主管的時候，尤其我都是擔任一人之下、萬人之上的董事長特助，很容易不自覺陷入一個狀態，就是大樹底下好乘涼，有這棵樹幫我遮風擋雨，便什麼事都說「奉董事長指示」。

主管不是要我們直接轉述他說的話，主管的話或指示，必須經過我們自己的內化，再轉化爲同仁們可以理解的言語，而不是直接在電郵中寫「奉董事長指示」，這樣會讓收件的人感覺不舒服。

我擔任幕僚多年，也逐漸練就了一套內化及傳達的思考步驟。以下是我內化及傳達的六個步驟，這確實幫助我在職場上有效傳達訊息，你也可以試試：

理解指令

首先，仔細閱讀並理解上級主管交派或交辦的內容。明確理解指令的目標、要求和各階段完成時限。

提出問題

如果對指令的任何方面有不清楚或需要進一步闡明，不要猶豫，及時向上級主管提出疑問，確保你對指令有全面的理解。請教時，用以下方式表達：「如果我沒誤會您的意思，您是指……嗎？」切勿回應：「你說什麼我聽不懂！」

分割指令

將上級指令分割爲更具體且易於理解的任務或步驟，以便更好地指導和引導其他人。

確定負責人

確定執行每個任務或步驟的具體人員。這些人員應具備相關技能和經驗，以確保工作順利進行。

傳達明確

在將指令轉達給其他人之前，請確保自己能夠清楚地傳達任務的要求、期望和重要細節。使用清晰而具體的語言，避免模稜兩可或含糊不清的表達，例如：好像、可能、似乎、大概等。

提供支持和解釋

如果他人對指令或任務有任何疑問，請積極提供支持佐證文件、資料和解釋，確保他人理解指令或任務。

人際上要記得幫自己留一步，包括電郵溝通的細節，用心在這些事情上，職場才能走得更長、更遠。

4 不要當傳聲筒，成爲部門之間溝通的橋梁

從表層來說，我們會從組織裡的職位來確認自己的角色，從而認定自己在公司裡的重要性，但事實上，不論你處在什麼職位，你都是重要的人。

不管做任何工作，老闆付薪水給你，也就意味著你要能有對等的貢獻，所以你當然是重要的。

千萬不要隨便把「我算哪根蔥」掛在嘴邊，這句話背後的意思是，你不知道、也沒看見自己的價值。

〈案例〉我算哪根蔥！

我一位學生 Linda 是總經理的祕書，常常要交辦總經理的指令。Linda 的工作有點像 PM 的角色，必須幫總經理盯著各項專案的進度，並且在總經理轄下的部門之間建立橫向連結及溝通。

有一次，有個大客戶的專案出了緊急狀況，總經理要 Linda 趕緊把部門主管們找回來開會。Linda 用電話、電郵召集主管們，她還在信件中寫道：「適時未到，後果自負。」

就有主管回她，因爲太臨時，實在無法抽身趕回辦公室。

Linda 就回了對方一句話：「我算哪根蔥！你們這些狀況，我沒有辦法回覆總經理。你們無法來開會，請自己去告訴總經理。」

她的意思是要無法與會的主管們自己跟總經理告假，卻把「我算哪根蔥！」放在前頭，這會讓人看了很不舒服。

看重自己，也是一種責任

Linda講這句話，就表示她對自己的身分不夠看重，對自己的工作沒有肯定感和認同感。總經理授權給她，她卻沒有意識到自己處在承上啓下的關鍵位置。

你是公司組織裡的一環，你身處什麼位置，就有相應的權力與責任。當你看重自己，對於工作的推動自然也會善盡責任，全力以赴。

如果倒帶重來，Linda應該怎麼說比較好？

她可以這樣表示：

「各位主管們，很抱歉，我知道您們手邊都有事情在忙，但事出突然，這個案子非常緊急，因此總經理希望大家可以回來開會。畢竟這個案子攸關公司今年的業績成長，總經理不得不緊急請大家回來商討對策。如果您一時間沒辦法抽空回公司，請告知原因，並指派相關人員參與會議，或者您可以將相關事項交辦給我，由我來協助轉達、處理。謝謝大家的配合，如有造成不便，也請您們見諒。」

這封電郵內容就比原先的好，語氣誠懇，而且不管主管們能否趕回來，公司都可以安心處理後續。

現在溝通聯繫都採線上居多，因此用字遣詞要非常細膩周全，才能精準傳遞訊息。如果嚴厲、冷漠、不帶情感地下達指令，會造成收信的主管們很不舒服。

你只是一個傳遞訊息的傳聲筒，還是眞的成爲部門之間溝通協調的橋梁？這跟你如何看待自己有關。

當你先看重自己，工作與職位的重要性才會被你自己凸顯出來。

是你為自己定位，不是別人來定位你。不要輕忽自己的角色與分量。表現出積極主動的態度，願意主動承擔責任和挑戰。不要等待指示，而是主動尋找解決問題的方法並提出建議，進而實現更好的職場表現。

5 多傾聽，多表達

當主管的人若是不懂得覺察，對下屬說話很容易表現出一種得理不饒人的姿態，像是：「這件事我已經說過了。」

這句話的言外之意就是：「你不要再問了！」「你有沒有用心？」「你耳朵有沒有帶來？」「你不要再浪費我的時間了！」

像這樣的話就是對話的絆腳石，會讓我們錯失進一步溝通的機會。

〈案例〉我已經說過了！

我待的第一家公司規模不小，全台各大城市都有據點，我們每年每一季都會舉辦大型活動。某一年，前三季的活動地點都決定了，接著要選第四季的活動地點。正當大家在討論地點時，董事長拋了一句話：「這件事我已經說過了。」

在場所有人都覺得很困惑，因爲沒有人記得董事長說過要在哪裡舉辦，但是會議上又沒有人敢發問。

會議結束後，我還是鼓起勇氣去問董事長。我跟董事長說，所有人都不知道他說的地點是哪裡，這時董事長又說了一次：「我已經說過了！上次聚餐時我就說過了。」當他這樣講，我就不敢再問下去了。

我心裡一直在想，董事長到底在上次聚餐時說了什麼。我問其他主管，看看有沒有人記得，結果問了一輪，依舊沒有人知道。

沒辦法，我只得硬著頭皮再去問董事長，董事長很生氣，飆罵：「我說的話爲什麼你們都沒有人在聽？」看到董事長生氣，更沒有人敢問了。

我們就一直處在這種狀態，直到活動即將開辦，所有人都還是不知道要在哪裡舉辦。這時，董事長才說：「不是說要去〇〇渡假村嗎？」

後來眞相大白，董事長說的「我已經說過了」，是在他們家庭聚餐時講的！同事們根本都不曉得。

當我們要預訂這個渡假村的場地時，已經訂不到房間了。董事長還是怪罪到我頭上，他說：「如果不清楚的話，就要問啊！」

但是董事長不只一次表達「我已經說過了」，這就會阻止部屬提問，因爲部屬也很害怕問了主管會不高興。

避免無效溝通，造成更多錯誤

其實，我剛當上主管時，也會不自覺地把這句話掛在嘴邊，尤其在忙碌的時候，我用這句話築起了高牆，彷彿宣告著：「沒事不要來打擾我！」部屬也因此覺得我很忙，不敢隨便來找我詢問事情。

當我們把這句話掛在嘴邊，就是在拒絕別人提問。

我們都忘記自己剛踏入職場時，也是從不會到會。但是，當我們用

「我已經說過了」來回應部屬，部屬不敢再問的結果，就是隨便唬弄過去，因爲他也不知道該怎麼辦。

就像前面舉的例子，我們都不敢問董事長的結果，就是訂不到活動場地，反而阻礙了工作進程。

因此，身爲主管，應該學習在適當的時機，把身段放軟，傾聽部屬的表達。有些人表達能力比較弱，常常抓不重點，這時候更需要耐心，一旦我們打斷了對方的表達，可能會錯過重點，沒聽到問題，結果事情就做錯了。

就算你眞的說過，也不代表聽的人確實收到指令。因此，對於我們說出的每一句話，都要去確認對方是不是眞的聽進去了，否則就是無效溝通，輕則造成窘境，嚴重的，可能形成對立。因爲部屬覺得不被尊重。

一旦雙方處於對立的狀態，就可能隱瞞更多錯誤。部屬會覺得反正溝通無效，乾脆將錯就錯，隱瞞彼此不了解的部分，這樣會造成更多錯誤。

身爲主管的你，如果還是習慣講「我已經說過了」，可以再補一句話：「還有什麼地方不清楚嗎？」這樣會比較完整。藉由補充說明，讓同仁更清楚你要傳達的意思，眞正了解你的想法，而不是臆測。一個團隊如果充斥臆測，將很不利於團隊的向心力。

身爲部屬的你，當主管的回應比較欠缺耐心的時候，你可以和緩表達，比如：「這件事雖然董事長已經說過了，但我想問一個問題……」清楚告訴主管你想表達的事情。

我們可以用「倒金字塔」的方式與主管溝通，也就是先講結論，再慢慢鋪陳細節，這樣聽的人很快就能抓到你的重點。

「我已經說過了」這句話的情緒是不耐煩的，背後是憤怒、厭惡、生氣、煩躁、憂心、害怕、輕蔑、譏諷。聽的人可能因此產生對立、沮喪、焦慮、緊張、慌亂、恐慌、愧疚、尷尬、羞恥等情緒。這句話不是太好的回應，少說爲妙！

當你想對部屬說「我已經說過了」這句話時，還有沒有其他的話可以取代？

當你聽到主管說這句話時，有沒有其他方式可以繼續向主管確認？

「我已經說過了」這句話對達成有效溝通沒有任何正面效果。為了讓溝通更順暢，我們必須「換位思考」，預設對方可能只了解三〇～五〇％，提供更多的細節和背景。此外，也可以透過主動詢問，了解對方的知識和技能程度，是否需要更多的資訊，或是有什麼疑問需要釐清，幫助我們更好地溝通。

6 偶爾吃苦當吃補，但要釐清權責

中階主管很容易把吃苦當吃補，但是要在合理範圍內，並且掌握有效的溝通方法，讓自己在這個角色與職責中游刃有餘。

吃苦當吃補，也不能讓自己做白工

身爲中階主管，你會收到來自上層的要求，有合理的要求，也有不合理的要求。

如果是不合理的要求，你可以選擇適度反映，如果無法反映，或是反映無果，就得自己消化，把吃苦當吃補，運用智慧、情商，把委屈往肚子裡吞，堅強面對眼前的考驗。

有些時候，你還要有一份同理心，告訴自己：「他可能不了解狀況，因此誤會我。」這樣面對不合理的回應，甚至是情緒性的批評，你才有機會移轉對方的注意力。

畢竟事情還是要完成，工作仍然要繼續，如果能先放下身段，想辦法一邊協調，一邊移轉對方的注意力，降低他的情緒性攻擊，甚至引導他說出爲什麼他會有這種想法與偏見，那我要大大恭喜你。於私，這是吃苦當吃補，讓自己的能力大幅躍進；於公，你的堅韌與柔軟有助於團隊、甚至跨部門之間的協調與圓融。

但無論如何柔軟堅強，要記得，同時你要膽大心細，嘗試突破框架，改變流程。

什麼意思？舉例來說，你今天被要求協助另一個部門，那你就要提出請求，請上層把權責歸屬在你的部門之下，這樣才值得你幫忙。否則，你幫了對方，但權責還在該部門，屆時論功行賞，也都是該部門，不是你的。

相對的，這也代表你必須擔起責任，所以我才說要膽大心細。

切記，吃苦當吃補，但不能讓自己一直處於做白工的狀態。

很多人在決定接受來自上層不合理的要求時，只做了半套，或者以爲只能做半套，就這樣默默吞下一切。

我在這邊要提醒，你可以選擇吃苦當吃補，但是要更大膽地改變源頭的流程，重新劃分權責，才能夠幫助自己往更高階擴展。

提出具體方案，讓高層助你一把

這種情況，就像縣市行政區是劃分好的，台北市長不可能越區說要接管新北的新店區。別的縣市長要接管，一定得從源頭修改行政區的劃分。

換言之，我管，那也得劃進我的管轄範圍，不然爲什麼我要做這些？

回到中階主管身上，當你選擇承擔這些時，記得同步把權責說清楚、講明白。權責不符，就是有實無名、有責無權，這樣你怎麼帶人？你可以委婉地請示上級，讓高層主管明白權責的劃分必須清楚。

利用以下方法：

1. **以問題爲導向，提出問題並詢問上級的意見。**
2. **以事實爲基礎，列舉具體的例子，讓上級了解問題所在。**
3. **以建設性的方式提出解決方案，讓上級知道你已經考慮過這個問題並有解決方案。**

就我的經驗來說，我會規畫出兩到三種方案讓主管參考選擇。我會列出方案一、方案二、方案三，提出幾種可能的做法與分析，讓主管裁決，這樣主管才好下定論。

我不會直接問主管該怎麼辦，因爲這是開放性問題，這樣問，主管根本沒時間理我，時間久了，就會以爲是主管不處理，反而增加彼此的誤會。

所以，呈報方式要具體，主管才能幫你解決問題，而不是把問題丟給主管，要主管幫你想辦法。

若主管不同意，可以考慮以下幾點：

1. **與上級溝通，了解上級的想法和考慮因素，並試圖解決分歧，說明利害缺失點。**
2. **如果無法解決分歧，可考慮向更高層級的主管請示。**
3. **如果仍然無法解決，可考慮尋求其他解決方案，例如調整工作內容或轉換工作職位。**

如果事情涉及法律灰色地帶，像是《勞基法》《性平法》、個資、工安等，就要依循法律途徑，求助專業人士，不要自己悶著頭想。

只要是涉及法律的問題，就不要呑忍。不要用忍一時風平浪靜來安慰自己，這不是勇於承擔的表現。

勇於承擔，還包括了負責與面對，這樣才有意義。

吃苦當吃補，能讓自己快速成長，但同時要大膽突破框架、釐清權責，對你會更有幫助。

7 如果真的被要求背黑鍋，怎麼辦？

這是新手主管很重要的一課。約有六成上班族都曾經幫主管背過黑鍋，不管這黑鍋是大是小，職場上，被要求背黑鍋成了在所難免的經歷。

這一節要教大家如何自保。有些事情嚴重的話會涉及法律，也會面臨懲處、賠償，甚至離職等問題，不可不慎。

如果你真的被要求要背黑鍋，該怎麼辦？

〈案例〉要她做事，她都會看人！

我第一次背黑鍋，是惹到了公司紅人。

當時公司裡有一位業績很好、很紅的副總，副總的父親過世，拿了訃聞給我，要請總經理出席他父親的追思會，偏偏總經理家中正好在辦喜事。

我跟總經理報告後，他面有難色地說：「可是我家在辦喜事……」接著就把訃聞收進抽屜，之後也沒有出席追思會。

我是祕書，聽到總經理說「可是我家在辦喜事」這句話，就以爲總經理不想參加，便沒有積極處理後續，連白包都疏忽了。

結果副總喪假結束後，回來上班就很不高興。當總經理上前慰問他家裡的狀況時，碰了一鼻子灰，副總回了總經理極爲難看的臉色。

總經理後來知道自己不僅人沒到，禮也沒想到，就要我去跟副總說是我沒把訃聞交給他。

這看起來是小事，但副總是公司紅人，如果我背了這個黑鍋，副總會把一切怪罪在我頭上，認爲都是我的錯，之後我在公司裡會很難做事。

如果是你，怎麼辦？

當時我沒有第二個選擇，只好委屈地扛起這個責任。

面對副總時，我稍微修飾了一下說法，向他解釋，因爲訃聞夾在公文裡，被我疏漏了，所以總經理才會沒看到。

果不期然，副總從那天開始就跟我交惡，再也不跟我往來，還會在別的同事面前酸我說：「要她做事，她都會看人！」

我被他形容得很現實、很勢利、大小眼。

那麼這整件事，到底可不可以避免？

如果我當時跟副總說：「總經理家中正好在辦喜事，但是他很看重這件事。」讓他知道總經理的爲難之處，同時先幫總經理準備好白包致意，並強調這是總經理的心意，這樣不僅禮到，也幫總經理加分。

也許總經理並沒有不表示，是我自己把他收起訃聞這動作解讀爲他不想表示，因此變成我要把這事扛下來。講白一點，就是千錯萬錯都是我的錯。

像這樣的事，我建議讀者一定要跟主管確認，確認主管眞正的想法爲何，不要自己下判斷。

畢竟辦公室的政治眞的很複雜，一個不小心，就會得罪人，所以要非常細膩周全。

面對栽贓，需要智慧

有些時候，被主管要求扛責，跟主管的人格有關。他自己做錯事，但又不想扛責，就會施壓部屬，把責任往下丟。

當然有少數人不吃這套，會越級報告。不過，大部分的人爲了那一口飯，都會選擇默默隱忍，除非你已經準備好要離職。

但是，如果這黑鍋已經涉及法律責任，你一定要勇敢拒絕。

上司和下屬本來就處於一種權力不對等的關係，當你必須背黑鍋時，一定要能夠在法律上自保，保全自己的工作原則及權責，避免未來的職涯留下無辜的不良紀錄。

每個產業的圈子很小，如果你做了這個決定，留下紀錄，以後很可能會被看到，成爲證據。就算你是背黑鍋，但大家講求的是證據，白紙黑字留下你的名字，有再多理由也百口莫辯，建議你不要冒險這麼做。

以前我當祕書時，常常要做會議紀錄，老闆有時候會要我更改會議紀錄，隱匿一些事情，或者要我揑造寫一些內容，通常我會很注意，不是老闆說什麼我就做什麼。

現在社群媒體很發達，事情還沒爆開，可能都先在社群媒體流傳了。沒爆開算好運，萬一炸鍋了，你怎麼辦？

要避免被要求背黑鍋，可以考慮以下幾點：

1. **做好工作，確保自己的工作表現優秀，不給別人留下把柄。**
2. **與同事建立良好的關係，建立互信和合作的氛圍。**
3. **確保自己的言行舉止得體，不做出違反公司規定或道德標準的行為。**

如果已經被要求背黑鍋，可以考慮以下幾點：

1. **保持冷靜，不要情緒化地反應。**
2. **與上級溝通，解釋自己的立場和想法，並試圖解決分歧。**
3. **如果無法解決分歧，可以考慮向更高層級的主管請示。**

所謂高處不勝寒，職位越高，要面對的不友善情況會越多，相對的，背黑鍋的機率也會越來越高。有些公司的董事長會要求總經理背黑鍋，董事會也會要求董事長背黑鍋，所以不是職位高，就沒有這樣的問題跟壓力。只要跟金錢、利益有糾葛，就很容易發生這種情形。沒到高處，不會知道高層派系權力鬥爭是怎麼一回事，但這卻會影響整家公司的經營。

當你遇到這樣的壓力時，一定要嚴正拒絕，同時把證據蒐集齊全，也不要讓對方知道我們已經有所防備，防止證據被銷毀。保全自己，避免遭受集體霸凌，這都是很重要的事，也是一種智慧。

被要求背黑鍋，如何因應是大家都需要學習的事情，你如何保護自己、保全自己，這很重要。不要成為別人的棋子。

第2章

主管難爲

——帶人先帶心！成爲主管後，要和團隊一起成長

1 享受孤獨，是主管必須學習的功課

享受孤獨，還是繼續跟同事在一塊比較好？

在職場上，適度的享受孤獨，是必須學習的功課。

在大家的印象中，感情最好的同事，通常都是剛進職場的那段青春歲月，因為年輕、單純、有衝勁，大家一起犯錯，一起挨罵，一起衝業績，享受共同的榮耀，是一種患難與共的眞感情。

但是你不會一直停留在基層，你也會慢慢成爲主管。

這時的你，會開始感覺高處不勝寒，但難道你還要往下跳，跟過去的記憶爲伍？還是繼續向前，把這份孤獨感與職位、權力整合，帶領你的團隊？

〈案例〉**請離開那些沒營養的朋友！**

茶水間是辦公室同事之間很好的交誼空間，上班中休息片刻，大家就在茶水間打打屁、開開玩笑。

然而，在我成爲主管之後，每次到茶水間，會感覺到同事們瞬間安靜下來，甚至會聽到有同事大聲說：「她來了！」原本聚在一起聊天的同事們便一哄而散，完全不給我面子。

這讓我覺得很難過，尤其剛成爲部門主管時，非常不適應。我忍不住懷疑：主管需要朋友嗎？

我每天都在交戰，寧可不要這個職務，保有原來的朋友。

我一直想回到原來的位置，跟大家在一塊。

我陷入矛盾，我的主管也察覺到我有狀況。

我告訴他，我想離開現在的職務，回到原來的位置。

主管聽了我的心情後，他說：「請離開那些沒營養的朋友！」
我聽了嚇一跳，好強烈的一句話。
他接著娓娓道來，跟我分享他以前也有過同樣的掙扎。
他說這種心理衝突，每個升任主管的人都會遇到。
他說：「我們爲什麼不讓自己成爲可以幫助別人的人？也就是說，我們可以帶領同事，讓他們一起更好，一起向前邁進，而不是回到原來的位置，又跟他們站在同一個位置思考事情。」
聽到主管這麼說，我才發現自己眞的沒想這麼多。
這位主管當初就是因爲認爲朋友比較重要而放棄主管的職位。但是當他回到原來的位置後，跟朋友之間的感情也回不去了。
突然間，他覺得自己什麼都失去了，好像轉了一圈又回到原點，非常失落。
聽完他的人生經驗，我沉澱了一下，決定好好享受此刻的孤獨，因爲我有更大的目標，就是帶領這些同事們一起向前邁進。

改變自己，改變環境

在我下定決心，接受主管的職位之後，我先改變自己，也改變了一些做法。

例如，當我往茶水間走去時，聽到同事說：「她來了！」我就正面迎上，大聲跟他們說：「對啊，我來了，我想聽聽你們在聊些什麼。」

我採取主動，試著融入他們。

我很清楚同事對我是有抗拒的，所以我試著讓他們知道，工作上的我，雖然職位不同，但是私底下的我，仍然是可以親近的朋友。

接著，我釋出善意，邀請大家一起吃飯。

可能有人會疑惑，當主管一定要這樣花錢嗎？

其實，升任主管，薪資比較高，裡頭有一部分就是公關費，這筆費用就是拿來與人交流互動。

我把這筆多出來的薪水跟同仁們分享，每個月固定一天請大家吃飯，不僅拉近與大家的距離，而且每次聚會，我都是有備而來的，我會鎖定一、兩位我想多了解的同事，和他們聊聊家庭或生活。

在這個場合，我不談工作，只跟他們聊工作以外的事。慢慢的，同事發現我並沒有那麼難相處，還是跟原來一樣，甚至因爲我的主管身分，更能爲他們的前途著想，協助職涯規畫。

曾經有同事請假，我看到假卡上寫著要陪太太產檢，就順勢問：「太太幾個月了？」然後默默在行事曆上註記他太太的預產期，等到時間差不多時，我跟他說：「太太要生了，你要隨時待命喔！」他聽了非常感動，覺得我怎麼會這麼貼心，記得他太太的預產期。

我希望跟同事們的關係不只是工作，而是可以有更進一步的連結。就這樣慢慢的，我跟同事們除了工作上的互動之外，也參與他們的家庭、生活，甚至是職涯規畫，這對我來說更加珍貴。

升任主管後，該如何享受孤獨，懷抱更大的目標，進而帶領同事們一起向前邁進？我與大家分享當時成功陪我走過這段路程的方法，以及心理調節和自我鼓勵：

建立個人的支持網絡

尋找職場以外其他可以分享和討論的網絡，例如專業社群、產業活動或線上論壇。這些平台提供與同行交流的機會，讓我感受到被理解和支持。

關注團隊成員的需求

致力於了解團隊成員的需求和期望。不定期舉辦個別會議和團隊活動，鼓勵開放溝通和分享，建立更加緊密的工作關係，同時也主動了解他們的身心狀態，提供支持和關注。

培養自己的領導力

將升任主管視爲成長的機會，努力提升自己的領導力和專業知識。透過閱讀、參加培訓課程和尋求導師的指導，讓我建立自信並學會解決面對各種挑戰，能夠更有效地引導團隊並取得卓越的成果。

激勵團隊成員

重視團隊成員的工作表現。我會定期提供正面反饋，讚揚他們的努力和成就。這有助於建立團隊合作和凝聚力，並激勵每個人的潛力。

保持積極心態

時刻提醒自己保持積極的心態。我會尋找工作中的樂趣和成就感，並追求個人興趣和娛樂活動。培養自己的心理力量和積極心態，讓我能夠保持動力和快樂。

透過以上方法，讓我能夠建立一個凝聚力強的卓越團隊。同時，我也不斷提醒自己在逆境中保持堅定和正向的態度，並以此爲基礎持續成長和發展。

當初主管跟我說：「請離開那些沒營養的朋友！」這句話眞正的意思，不是這些朋友沒有營養，而是我如何提升自己、滋養自己，讓我可以回過頭來，滋養這些一起打拚的同仁。

我如何提升這些同仁的內涵與養分，讓他們也越來越豐盛，之後面對新人就可以不斷地傳承下去。

帶人先帶心

我曾經在課堂上跟主管們分享這個同事請假陪太太產檢的例子，引起主管們、老闆們很大的迴響，他們都非常有感，卻沒想過可以這樣做。

主管如果眞正面對過自己，就會知道很多時候自己是怎麼走過來的，這樣就不難同理同事們的狀態。

如果能讓同事們帶著好心情面對工作，他們的表現會更好。

有些人遲到了，匆匆忙忙進辦公室，看到這場景，你是會當場罵人，還是等候時機再修理？

通常我會這麼跟他說：「你先喘口氣，喝杯水，再告訴我發生了什麼事。」

我不會在他一進門就責怪他，如果他正好家裡有事呢？

有這樣一個緩衝，主管跟部屬之間就能有多一些同理。

曾經有同事提到他的孩子因爲盲腸炎住院，我記得這孩子的年齡，之後每隔幾年，就會送孩子一份適合的禮物。同事父親生病，我也會多些問候。這些看似簡單的問候與小禮物，會讓收到的人感受到很大的支持。同事對於我把他們的家人放在心上，也會非常感動。

也曾經發生過公司臨時需要加班，但同事得去接小孩下課，我就讓她把孩子接來公司，並且把孩子的晚餐準備好，加班的同時，孩子就在旁邊寫作業。同事很訝異，覺得工作怎麼可以這樣有彈性。

畢竟這是偶發的緊急狀況，我也不是沒事會要求同仁加班的主管。提供一些彈性做法，可以讓同事更專注在工作上。帶孩子來公司，我也可以跟同事的家人有一些接觸，拉近彼此的距離。

每當我在演講或工作坊分享這些經驗的時候，中階主管反饋給我的都是他們輕忽了這件事。

職場上，大家對彼此的生活不會有過多的關心，甚至不知道同事們家住哪裡、家中發生什麼事，更別說同仁們的身心狀態。同事之間的關係其實非常疏遠。

身爲主管的你，是要停留在「沒營養」的同溫層，抑或走過一段孤獨之路，壯大自己後，凝聚團隊，帶領團隊更加卓越？

一個大器的主管，團隊裡什麼人都要有，去滋養每個人，讓他們成為你的可用之人。

2 從自己做起，把自己放在對的位置上

當你升任小主管後，和同事之間就有了不一樣的角色與層級。但同事可能不會改變跟你的互動方式，你要先從自己做起，把自己放在對的位置上，這樣同事也會用不同於過往的方式與你互動。

〈案例〉麻煩你們自己訂

有段時間，我每年都會幫同事團購水蜜桃，水蜜桃是熟識的拉拉山友人栽種的，品質有保證。就這樣邀同事一起訂購了很多年，直到我升任經理

後，原本是開開心心的事，結果卻變了調。

我升任經理的第一年，同事和往年一樣對我說：「純如，今年的水蜜桃季，記得幫我們訂喔！」

我延續過去的習慣，依舊幫大家訂。

第二年我眞的太忙，正好要趕年中報告，已經無暇顧及這份團購單。因此，當同事傳訊息請我幫忙訂時，我也很快地以訊息回覆他們：「我很忙，麻煩你們自己訂。」

這句話，成了炸彈，在全公司炸開了。

同事對我的回應很不高興，覺得當經理有什麼了不起，我這句話就被截圖、加工，轉傳出去，最後都轉到高層那去了。

群組裡不斷加油添醋，攻擊我：「大家都很閒，全公司就她最忙！」

結果連主管都認爲我在影射他很閒。

主管質問我：「如果妳很忙，怎麼有空回覆訊息？妳上班應該沒時間寫這些東西。」

主管認爲我有時間回覆訊息，表示我也很閒。

我眞的很冤枉，但能怪別人嗎？當然不行，而且這麼做也於事無補。這完全彰顯出中階主管成爲夾心餅的窘境。

定位要分明，表達要清晰

我覺得同事沒把我當主管，不是因爲他沒把我放在眼裡，而是連我都沒有把自己放在對的位置上。

那時候，我還想延續過去的同事情誼，因此升任經理後，我刻意不讓自己看起來有距離，但這是錯誤的。

身爲經理，就應該要有經理的樣子，做什麼像什麼。

這件事情讓我受到很大的傷害，從一件不起眼的小事情衍生出這麼多事端，也讓我反省在應對進退上，應該怎麼說話、怎麼表達。

我們太容易輕忽了細節而埋下未爆彈。

首先，當我回覆「我很忙，麻煩你們自己訂」時，確實太輕率。回頭想，我可以這麼回覆同事：「很謝謝你們喜歡水蜜桃，但是今年我沒有辦法再爲大家服務，如果你們喜歡的話，可以試著打這電話聯絡。」拒絕有拒絕的藝術，先向對方表達感謝，再提供替代方案。多寫一句話，就顯得溫和、有禮多了。

我之前的回覆方式是把我的處境讓對方知道，直接拒絕他，但這對解決事情並無幫助，也代表我做事情很輕率，思慮欠周。

其次，我在做這些事情的時候，角色、階層、關係都模糊不清。我現在的角色已經跟過去不同，但我卻矛盾地想繼續以過去的角色跟他們互動，想保持過去的關係。

其實關係已經不同了，我必須爲自己重新定位，不能鄉愿。

關係是相對的，當同事以過去的方式對待我，而我也以平行的角色回應他，情況是不會改變的。

唯有我先清楚自己的定位，拉開距離，拉高視角，才會知道要如何應對。

成為中階主管後，為了重新定位自己，並避免言語衝擊與角色混淆，可以採取以下方案：

認識並接受新的角色

認識到自己的角色已經改變，不再是普通同仁，而是帶領團隊的主管。接受這一事實並認識主管的責任和期望，這是重要的第一步。

建立專業距離

在工作場所上，保持一定的專業距離是必要的。這並不意味著與同事保持冷漠，而是在工作中保持專業和適當私領域距離的態度，避免過度涉及個人事務。

重新明確關係

與同事們進行開放和誠懇的對話，明確表達自己的角色變化，並重申對團隊和組織的承諾。同時，尊重和尊重彼此之間的工作關係，並確保建立相互尊重和合作的環境。

建立良好的溝通和反饋

作爲主管，與團隊成員之間建立開放和透明的溝通管道非常重要。鼓勵他們分享想法、意見和反饋，並及時回應他們的需求和問題。這種有效的溝通可幫助建立良好的工作關係。

關注團隊發展和目標實現

以團隊的整體發展和目標實現爲重點，將精力投入團隊發展和支持團隊成員的成長。設定明確的目標、提供培訓和發展機會，並確保每個成員都能夠充分發揮自己的潛力。

尋求專業支持和指導

主管角色可能會帶來新的挑戰和壓力。尋求專業支持和指導，例如導師或培訓課程，可以幫助你更好地應對這些挑戰，並獲得有效的建議和指導。

努力實踐以上方案，我們能夠重新定位自己，重塑過去的同事情誼，並以專業、有效的方式，履行中階主管的角色，推動團隊取得更加卓越的成果。

成為主管後，如果沒有為自己重新定位，只想延續過去的同事情誼，彼此的距離跟角色就會混淆。

3 當主管一定要做到的三件事

職場上，角色與定位很重要，從執行者到管理者的心態要轉換。

身爲中階主管，有些時候要親力親爲，但有些時候，你又必須站在管理者的高度，放手讓下面的人執行。

你的角色會變得很多重，有時你是幕後的人，有時你又是台前唱戲的人，在轉換的過程中，中階主管很容易陷入兩難，要達到完美並不容易。你可能會覺得分身乏術，甚至搞不清楚自己的角色與定位。

什麼時間、什麼地點，該扮演什麼角色，你要很敏銳地拿捏，才能恰如其分地扮演好中階主管，成爲團隊創造價值的重要角色。

口令指揮，記住三步驟

中階主管要很清楚知道，該請同仁動手做的時候，就要放手讓同仁執行。該動嘴就動嘴，不要自己去做。

中階主管最怕自己邊說邊做，然後把同仁晾在一旁，讓同仁看著你做，這樣只會累死自己。

用口令指揮別人，我會做三件事：

1. **我說給你聽**
2. **我做給你看**
3. **換你做做看**

當主管一定要做到這三件事，以下是步驟說明：

我說給你聽

主管在團隊會議上提出一個新的策略，並清楚解釋其目的和預期效果。主管會說明策略的背景和原因，並提供相關資訊和數據支持。同時，鼓勵團隊成員提出問題、意見和建議，以確保他們理解並參與其中。

我做給你看

主管發現某些工作流程需要改進，會先示範一次如何執行新的流程。詳細解釋每個步驟，並演示如何應對可能出現的問題和挑戰。讓團隊成員清楚新流程的實際操作方式。

換你做做看

主管將專案中的具體任務分派給團隊中的個別成員，並提供必要的指導和支持。確保成員理解任務的要求和目標，並提供所需的資源。成員完成任務後，主管會進行反饋和評估，並與成員討論他們遇到的挑戰和學到的經驗教訓。

這些方法可以幫助主管更有效地與團隊成員合作並達成目標。

我會先把流程說一遍給同仁聽，然後請同仁複述一次。

這聽起來好像學生在背課文，你可能會想：需要這麼複雜嗎？要，這是肯定的。

因爲主管講完，一定都認爲對方懂，唯有請對方複述一次，才會發現他可能丟三落四，每個程序都會少一、兩個步驟。

讓他重頭講一遍，等於帶他再順一次流程。

一樣的，當你示範完，也要請他做一遍給你看。

過程中，我會特別指出過去同仁容易出錯的地方，請他把這些特殊狀況都註記下來，再跟他確認是否都清楚，這樣他的印象才會深刻。

這個步驟很重要，因爲如果不清楚的話，之後他很可能又會在同樣的地方犯錯。

鼓勵發問，建立心理安全感

接著，我會針對困難的部分、同仁容易混淆的情況，跟他交換意見。我不會問他有沒有問題，因為這麼問，得到的回答通常就是「沒問題」。但沒問題，往往是最大的問題。

所以我會問：「我的說明清楚嗎？」或「有沒有需要補充的地方？」藉此鼓勵同仁發言，同時再度確認他是否完全理解。

如果有不清楚的地方，表示我的說明不夠。同仁有問題，就是我的問題，我就再補充說明，直到他完全了解。

我在帶領同仁的時候，是回到自己以前身為基層員工的角色，將心比心。

在我還是新人的時候，也都不敢發問。

主管問我有沒有問題，我真的不敢問，但說實話，當下我內心有超多困惑，卻不知道從何問起。

所以，現在我都會用一些方法，鼓勵同仁發言。

如果同仁回答我沒問題，我會告訴他，先回去做做看，如果有問題的話，記得記下來，再來問我。

如果同仁有問題，我也會鼓勵他，跟他說很高興聽到他發問，這表示他很認眞。

簡單來說，最重要的就是鼓勵同仁把問題說出來。

中階主管不是要維護領導的權威，而是讓同仁感受到你隨時與他同在，讓同仁有安全感，工作才能全力以赴。

中階主管要扮演上下疏通的潤滑劑，因爲你不只是交辦工作而已，而是要完成任務。

兩者差異在哪？交辦是聽指令，是被動的，只是過程；完成任務才是最重要的目標。

有完成任務的使命感，才會全力以赴，創造價值。
中階主管要以完成任務爲目標，凝聚團隊向心力，一起把事情做好。如此一來，不只團隊整體效率會提升，對個別成員來說，他會對整個工作流程與工作內容有所認知與準備，培養獨立作業的能力，他的自信心也會增加。

透過「我說給你聽」，主管能夠清楚傳達訊息並鼓勵團隊參與討論。
透過「我做給你看」，主管能夠展示操作方式並預期結果。
透過「換你做做看」，主管能夠培養團隊成員的自信心和能力，並給予他們實踐所學的機會。
這些方法結合起來，可以改善溝通、提升技能、推動團隊發展。

4 觀念傳承，不能將錯就錯

職場上，如果同仁有錯誤觀念，必須隨時導正，不然，資深同仁會將這個錯誤的價值觀教給新人。身爲主管的你，要能夠在第一時間辨識出他們的迷失，不能將錯就錯。

切記，勿以惡小而爲之。

〈案例〉辛苦妳了！

公司來了個新人妹妹，本來我認爲她很勤快，但後來我發現她有個習慣，這個習慣慢慢惹毛了我。

當時我擔任副理，常常會在桌上看到同仁們留的便利貼，上頭寫著提醒我的事項。

這個新人妹妹的字條是這樣寫的：「我下班了，辛苦妳了！」

我看到就覺得莫名其妙，我是她的主管，她怎麼會寫「辛苦妳了」，這是在勉勵長官嗎？

她不只一次這麼寫，我常常都會看到這樣的字條。

還有一次，她發了一封電郵給我，副本給副總。

她寫道：「副理妳好，請妳中午以前完成簽呈文件，並且寄到副總信箱，謝謝妳的配合，辛苦妳了。」

最後還補了一句：「這個訊息我在上午九點二十七分時已經親自告訴妳了，同步留了字條在妳辦公桌上，請知悉。」

上面這封信件，相信讀者看了一定笑翻，口吻、用詞都有很多錯誤，發信的年輕人比較像是主管，我反倒成了部屬。

我實在很好奇她爲什麼會這樣寫信，忍不住把她叫過來問。

「爲什麼妳每次留給我的字條都會寫『辛苦妳了』？」我問她。

「是前輩教的，前輩提醒我最後都要補上這麼一句。」她說。

我告訴她不應該這樣寫，這是上對下的用詞。她一開始還不相信我說的，她說這樣寫給別人，別人都沒有問題。

至於同時副本給副總的信，我問她爲什麼這樣傳達訊息。

她回答：「不這樣寫的話，到時候副總如果沒收到文件，怪罪下來，會認爲是我沒有去催促或傳達，所以我當然要回報我有寫信，也有留字條。必要的時候，我還會錄音。」

聽起來很有道理，但她完全做錯了，因爲她只站在保護自己的立場來思考這件事。

不信任，如何繼續工作？

她說，上班的第一天，交接給她的前輩就特別叮嚀要小心這些主管。前輩告訴她，每次有人遲交報告，上面的人都會把責任推到她身上，結果就是這些基層員工背黑鍋、挨罵。

前輩建議她，每次在轉達這些訊息的時候，有幾個保護自己的做法：口頭告知、電郵告知、LINE告知，重點是要副本讓主管知道。如果遇到討厭的主管，必要時記得錄音。

聽她講完，我問她：「妳從上班的第一天就這麼做嗎？」

她說：「對啊，我依照前輩教我的做，從第一天就學會保護自己。」

她認爲保護自己沒什麼不對，還問我：「保護自己難道錯了嗎？」

她的思考邏輯，基本上就是反映出一種無奈、委屈的情緒。

我認爲她對這個組織裡的主管已經沒有信任感了，對主管充滿敵意，甚至覺得這裡的主管都很惡劣。

她從上班的第一天就以這種心態面對新環境、面對組織裡的所有人，這樣根本無法感受什麼是「樂在工作」。

員工若不信任主管，在共事時可能會產生以下阻礙：

溝通問題

如果員工選擇不信任主管，可能會隱藏關鍵訊息，或者不願意主動與主管溝通，導致訊息不流通、對工作目標理解不清晰，以及錯誤的決策。例如：員工因爲不信任主管的能力，不願意向主管報告工作中遇到的問題，結果問題逐漸放大，對整個團隊產生了不良影響。

缺乏協作

如果員工不信任主管，他們可能會避免合作或共享資源，導致團隊內部合作能力下降，效率降低。例如：員工因爲不信任主管的決策，拒絕與其他團隊成員合作，導致整個團隊的工作無法順利進行。

缺乏投入感

如果員工不信任主管，他們可能會對工作缺乏投入感，不願意積極投入努力，這會對工作品質和效率產生負面影響。例如：員工對主管的不信任感，導致他們對工作缺乏熱情，只是完成基本任務，而不願意主動追求更高的目標。

爲了增加員工與主管的相互信任感並提高效率，可以考慮以下方法：

建立透明的溝通管道

提供員工與主管之間開放和誠信的溝通平台，鼓勵員工提出問題、表達關切，主管也要給予適當回應。

建立互信的關係

主管應該表現出可信賴的行爲，遵守紀律，並與員工建立相互尊重和支持的關係。主管可以定期與員工進行交流聚會，了解員工的需求。

鼓勵參與合作

創造一個鼓勵員工參與決策、提供意見和建議的環境。主管可以舉辦團隊活動、培訓課程或工作坊，促進團隊成員之間的合作和相互了解。

給予肯定和激勵

認可員工的努力和成就，給予他們適當的肯定和獎勵。這將增加員工的工作滿意度和對組織的歸屬感，進而增強彼此之間的信任感。

為員工提供成長機會

爲員工提供成長和學習的機會，例如培訓計畫、專業職能課程。這不僅可以增加員工的技能和價值，還能表現出主管對員工的關心和支持，從而增強信任感。

導正錯誤的價值觀

職場上，很多人都會有自以爲正確的做法，然後又把這種似是而非的做法教給別人。

或許，這些做法的背後都是一個個人經驗，但眞實情況究竟爲何，沒有人知道。

有沒有可能是這個前輩自己冒犯了別人，或者她眞的失職才被咎責呢？她以自己的經驗去教導新人，反而誤導了新人，結果這些錯誤的做法、錯誤的價值觀就一直傳承下去，還以爲這是在保護自己。

其次，我們也要能夠辨識哪些做法只是個人經驗，而不是一體適用的原則。如果自己沒有經歷過、觀察過，就不要輕易沿用別人的經驗，更不要以訛傳訛。

如果我沒發現這件事，當這個新人妹妹未來交接給下一任助理時，是不是也會這樣傳承下去？企業文化就一直處於這樣的惡性循環。

職場新人還在摸索新環境，學習專業技能的階段，如果因爲錯誤的觀念傳承，讓他懷著不安、不信任與人互動，他會在心裡築起一道牆，反而把自己鎖在銅牆鐵壁中，用消極的態度面對工作，溝通與學習的機會將越來越少。

身爲主管，雖然不一定會直接面對基層，但是如果發現部屬陷入這種狀態，特別是老鳥在帶菜鳥時，若有價値觀上的錯誤，必須立刻匡正，不能眼睜睜看著新人被誤導。

身爲主管，有責任把這個問題處理好，姑息放任，對公司的文化並非好事。

建立互信關係需要時間和努力。主管要以身作則，促進開放和誠信的溝通，並提供支持和機會，以增強信任感，進而提高工作效率和團隊的整體表現。

5 協助主管成爲眞正的主管

前面提到一位新人妹妹經常在下班離開前勉勵我：「辛苦妳了！」這句話從部屬的口中說出，尤其對著主管，是很不適切的。

如果不該這樣跟主管表達，那該怎樣做才對呢？

積極主動，勝過說「辛苦了」

「辛苦了」這句話應該是上對下，表達嘉勉之意，而非下對上。

職場上，這三個字很常聽見，許多人也都不在意是誰對誰說，但嚴格來講，部屬這麼說是犯了職場大忌，只是很多人搞不清楚。

試想一下，當你對主管說：「辛苦了。」你覺得主管要怎麼回應你？他應該說「謝謝」，還是要裝沒事，說「還好」？

你丟了這句話，主管根本無從回應你。

我之前服務的公司，同仁排班是很重要的事，尤其是外勤人員排班。因此，當我剛從基層升任爲副理時，第一件事就是跟經理表達我可以協助他排班，他也欣然同意。

於是，我先從二十位同仁的班表著手，排好後再請經理過目確認。千萬不要小看排班，經理一開始會交代我，哪個同仁有什麼特殊狀況，比如哪個同仁幾點要去接女兒、哪個同仁家裡有長輩，什麼時候需要回家看護，有的人希望多加班，有的人則喜歡休長假，那就要集中假期。

排班時，這些細節我都要注意，才能照顧到每一位同仁的需求。

但也因此我才有機會了解每一位同仁和他們的家庭狀況，對同事有更多的認識。

那段時間下來，經理非常高興我能幫上忙。

如果我一開始只是跟他說：「經理，您辛苦了。」似乎只是向主管表達我知道他很辛苦，但我無法協助他，無法分擔他的工作。

如果可以換個心態，積極一點、主動一點，向主管表達自己協助的意願，展現自己學習的態度，讓主管知道你是跟他在一起的。

在協助主管的過程中，也要向主管道謝，謝謝他教了自己這麼多，這樣對彼此的信任與合作默契都是加分。這麼一來，主管自然會賦予我更多任務，我也能夠學習更多。

協助主管成為有能力的主管

在協助主管成爲有能力的領導者方面，部屬扮演著重要的角色。部屬可以透過提供支持和尊重、眞實的反饋、協作方案、以及創新思維來幫助主管成長和發展。

因爲每個職務對事情的觀點不同，這樣的合作和將有利於建立一個積極、協調、高效、多元發展的工作環境。

部屬可以這麼做：

提供支持和尊重

透過提供支持和尊重來幫助主管，這包括遵守指示、完成任務，並尊重主管的權威。部屬的支持和尊重能夠讓主管在領導和管理團隊時更有自信。例如：部屬可以主動向主管表達對他們的信任和尊重，並確保在工作中履行主管的指示和要求。同時，部屬也可以積極參與團隊的討論和活動，爲主管提供不同觀點下的寶貴意見和建議。

提供眞實的反饋

透過提供眞實的反饋，幫助主管了解自己的優缺點。這樣的反饋可以促使主管了解自己的領導風格，必要時做出調整和改進。部屬可以在適當的時候，指出主管在溝通、決策或團隊管理等方面的優點和可改進之處。這樣的反饋應該具建設性，旨在幫助主管成長和提升。

提供協作方案

主動提供協作方案，與主管共同完成目標和任務。這種支持可以是知識上的，也可以是實際行動上的幫助。當主管面臨工作壓力或挑戰時，部屬可以主動提供協助，幫忙處理部分工作、分享專業知識或提供解決問題的建議。這樣的支持能夠減輕主管的負擔，同時也建立起部屬和主管之間的信任關係。

提供創新思維

提供有關改善工作流程或創新思維方面的建議，幫助主管發現新的解決方案和機會。這種主動性的參與和貢獻可以提升整個團隊的效率和競爭力。部屬可以向主管分享自己的經驗和意見，這樣的參與和創新思維能夠激發主管思考，促使他們更好地引導團隊向共同目標邁進。

其實，很多主管並不懂得下放責任，也不知道要如何交辦業務，因此最後都是自己默默悶著頭做。

主管也在學習怎麼當主管，他確實需要幫忙，但不知道如何開口。這個時候，身為部屬的你，如果只是說「辛苦了」，會讓主管覺得心涼。

如果可以技巧性地詢問主管的需求，等於協助主管分擔工作，這對不善於溝通的主管就是幫了很大的忙。

一旦你獲得主管的信任，他自然願意教你更多。

此外，每當主管教我一件事時，我會立刻反饋，這很重要，這比光說一句「辛苦了」更重要、也更具體。

部屬的反饋，可以讓主管知道自己的引導與交辦是否精準，是否達到目的。

主管也是人，也需要得到部屬的鼓勵。

當我們能夠清楚地表達自己的想法，讓主管知道我們的意願與態度，他也會從一個不善於跟部屬溝通的主管，慢慢進步。

也就是說，我們要讓主管知道：你可以怎麼跟我說話，而我又會怎麼回饋你。在這樣一來一往的過程中，我們將協助主管成爲一位眞正有能力的主管。

我們不能丟下「辛苦了！」這句話就自己下班，我們要主動表達，分擔主管的工作。

6 教導新人，別再提當年勇

職場上，我們最不喜歡聽到「不聽老人言，吃虧在眼前」這種話，感覺就是在說風涼話，而且毫無助益。

但是，當我們自己變成小主管的時候，不知不覺也會有這種心態，這是千萬要注意與避免的事情。

〈案例〉你現在很好命，都有人教

當我們來到一個新環境，通常都會有資深同事來帶我們，但你會發現，他都教得很快，而你只能在一旁點頭如搗蒜。

他看你好像消化不良，一頭霧水，有些資深同事可能就會說：「你要認眞聽喔！你現在很好命，都有人教，哪像我以前只能自己摸索……」

接下來，彷彿要進入想當年的情境。

前輩說這句話，背後隱含的意思就是：「你不要再來問我，自己想辦法！」

有心要傳承經驗的人，不會一直說自己過去有多辛苦，可是，我們常常會遇到像這樣的前輩。

身爲主管或前輩的你，當你在帶新人的時候，千萬要記住，不要再提自己的當年勇。

教導新人提高效能才是重點

資深同事的經驗不是不重要，但那跟個人的經驗累積有關，面對年輕人，他沒有參與你的過去，沒必要知道你的歷程。

如果你跌倒了，不需要告訴別人你是怎麼跌倒的，而是要讓他知道，如何不讓自己跌倒，以及跌倒之後，如何爬起來的那個力量，才是最重要的。

你可以跟新人分享你曾經犯過的錯，比如，你曾經在哪個環節出錯，就可以提醒他在這方面要多留心。

我們教導新人，不是要讓對方「重複」你犯過的錯，而是要讓對方「避免」這些失誤。

現在科技很進步，很多辦公室的作業模式都跟過往的人工方式不同，很多老鳥會說，以前跑一個報表要三天，現在很快了。

小時候，常常聽爸媽說他們以前出門，要繞過多遠的山、走個幾天幾夜。你小時候會想聽嗎？至少我不是很想。

同樣的，當資深人員跟我們說以前的電腦作業系統有多不方便，要如何揀字、排版，多複雜，又多困難，年輕人怎麼會想聽？

我建議，資深人員應該分享的是，你如何與時俱進，如何運用新的資源、新的系統、新的方式，讓流程更好、更順暢。

新人的迫切需求是趕緊上線，開始工作！

你要告訴他的是，現在最好的方法、最快的工具是什麼，如何提高自己的效能。

你這一路的摸索有多辛苦、多壯烈，那都是你自己的歷程，不需要告訴別人。你自己血淋淋的例子，真的不用再說給別人聽了。

新人需要知道的是，如何用現在的方式，達到公司對他的期待，達到他想要的目標，以及在達標的過程中，他會遇到什麼問題，這對新人比較重要且實用。

主管應該如何幫助新人在現在這個環境中快速步上軌道、站穩職場並發揮戰力呢？以下是我個人的觀點及實踐多年的具體方案：

給予明確的期望和目標

明確傳達給新人他們的角色和職責，以及期望的工作成果。設定明確的目標（包括人、事、時、地、物的清楚定義），有助於新人專注於重要任務，並了解自己在團隊中的位置。

提供培訓和指導

制定培訓計畫，幫助新人熟悉工作流程、技能要求和公司文化。提供清晰的工作流程和定期的指導，確保新人了解如何完成任務並解決問題。

提供資源和工具

確保新人獲得所需的資源和工具，能夠有效地執行工作任務。這包括技術設備、相關文件、培訓資源等，可以幫助新人快速適應工作環境並發揮戰力。

培養積極的溝通和協作

鼓勵新人積極參與團隊溝通和協作活動。這可以是團隊會議、專案合作或知識分享等形式，新人可以更快地與團隊成員建立關係，共同完成任務並增加戰力。

鼓勵自主學習和成長

爲新人提供必要的培訓和指導，適時提供機會和資源，讓新人可以自主學習和發展專業技能。鼓勵他們參加培訓課程、讀書會、研討會等，並提供支持和指導，促進他們的個人成長和職業發展。

提供正向的回饋和認可

定期給予新人正向的回饋和認可，激勵他們繼續努力和進步。這可以是口語表揚、獎勵或更好的發展機會，有助於建立新人的自信心，並激發他們發揮更大的戰力。

管制風險內的容錯

容錯有助於促進組織的創新和學習。當組織允許一定的錯誤存在時，會鼓勵成員積極嘗試新的想法和方法，並從錯誤中吸取經驗教訓，使組織更能夠應對挑戰，在不確定的環境中保持能量及生產力。

作為主管，重要的不是把自己的故事放大，而是如何讓新人在現在的環境中快速步上軌道。

透過明確的期望和目標、制定培訓和指導、提供資源和工具、培養積極的溝通和協作、鼓勵自主學習和成長，以及正向的回饋和認可，可以幫助新人快速適應職場、發揮戰力，為團隊的成功做出貢獻。

第3章

時間永遠不夠用

——追求更好的效率，是工作者永遠的功課

1 建立SOP，就不需要事必躬親

成爲主管後，除了自己的工作之外，還要照顧到團隊成員的狀況，如果心態不調整，你可能會覺得辛苦、委屈，埋怨薪水沒增加多少，爲什麼工作變這麼多？

這和你的時間管理方式有關，時間管理做得好，就能事半功倍，帶領團隊如魚得水。

〈案例〉就算一直加班，工作還是做不完

我自己剛升任中階主管時，也有工作效率的問題，覺得時間永遠不夠用。

每當我走進辦公室，準備開始工作，部門同仁就會紛紛來問我這個，問我那個。我必須放下手邊的工作，優先協助他們解決問題。

我身爲主管，不能把部屬晾在一旁，帶人要帶心，我必須協助他、教會他，所以我只能犧牲自己的時間。

結果就是，我上班的時候都在處理同仁的事情，自己的工作得等到大家都下班以後才能做。然而，就算一直加班，我的工作還是做不完，每天都相當疲倦。

我開始厭惡自己的工作，不禁懷疑，升任主管是對的選擇嗎？覺得當主管還不如當基層員工，可以開心做自己的事情就好。「乾脆逃回原來的職位」是當時的我經常萌生的念頭。

然而，這都是因爲我無法適應新的挑戰和壓力所致。我沒有做好時間管理，也不會有效拒絕，導致我做事沒方法，結果就是被隨時找上門的事情牽著鼻子走，自己無法有效安排工作時間。

建立SOP，把執行工作流程化

身爲主管，已經不是基層員工，將執行工作流程化，建立SOP，讓同仁有章可循，這是非常重要且必要的課題。

把SOP變成爲操作手冊，讓自己站在管理者的高度來協助同仁，是每一位主管都要學習的事。

部屬A問的事情，部屬B可能會重複問，這麼一來，同樣的事情，我可能要重複講好幾遍。如果我有十名部屬，就等於要重複講十遍。

一開始我會覺得員工不帶腦，十次之後，會發現是我自己不帶腦，沒有把這些事情從「執行面」變成「管理面」。

把執行工作規則化、流程化，是很重要的事。有一份好的SOP，同仁就會清楚知道他們應該怎麼執行。

很多主管覺得講解很花時間，就乾脆幫部屬做，結果變成像是部屬在看主管表演。主管示範或許是必要的，但示範之後，必須請同仁跟著做一次，以確認他們眞的會了。

如果主管只顧自己講解，自己做，沒有讓同仁跟著練習一次，這樣的示範是無效的。

有時候，主管之所以沒有好好教導部屬，什麼都自己來，是因爲太急於想與部屬建立良好關係來鞏固自己的地位，他也希望自己是受部屬愛戴的主管。然而，這樣的做法只是短暫的幫助，會變成是主管幫部屬完成事情，而不是眞正協助部屬，教會他們執行這份工作。

那麼，要如何建立SOP呢？

大致而言，如果同一個問題，有超過三個同仁問起，我就會把這些重複度很高的問題羅列下來，製成手冊。

之後再有同仁問同樣的問題，我會先請他參考這份資料，等他看完，實地測試之後，如果還是有疑問，再來問我。

當他實作之後，提出的問題更聚焦，我也更能針對他的疑問解惑，這樣不僅有助他的學習，也省下我的時間。

判斷優先順序

時間是上帝給我們最公平的禮物，每個人的時間都是一樣的。

有些人覺得時間很充裕，有些人則覺得時間不夠用；有些人可以同時完成很多事，但也有人一事無成，當中的差異就在於時間運用效率的好壞。

時間運用效率是創造績效的王道。

我們每天一進辦公室，等著我們處理的工作就如潮水般湧進。你不一定有時間處理每一件事情，但你絕對有足夠的時間處理最重要的事。

這就考驗你的判斷力，你要選擇最重要的事情，讓時間的運用更有效率。

養成不拖延的習慣

其次，你要養成並貫徹不拖延的習慣。

拖延很容易成爲時間運用的隱形殺手。我們往往在不知不覺中拖延了時間，明明當下就應該處理的事情，卻總是想著「等一下再說」，或是因爲外來插播事件而擱置，這都會侵蝕掉你的時間，讓你覺得時間不夠用。

從來都不是時間不夠用，而是你太容易放任自己。

再加上如果沒有明確的目標，就不會制定計畫，沒有計畫，你就不會採取行動，這都會讓我們合理化自己「等一下再說」的習慣。我們很容易告訴自己：「明天再來處理吧。」

放任自己，又沒有明確的目標，就會變成永遠都是明天再處理。

別小看「明天再處理」所造成的心理效應，因爲永遠有一件「明天再處理」的事情，你的行事曆上就會有一筆待辦事項無法「今日事今日畢」。這個永遠無法達到的目標，會讓人覺得事情很多、很忙。這是心理上的壓力，而不是眞正工作上的壓力；是沒有踏實面對、得過且過，不是眞的時間不夠用。

養成並貫徹不拖延的習慣，除了提高你的工作效能，也能協助同仁有效運用他們的時間。

我們要很清楚待辦事項對目標的重要性，才能克服拖延的毛病。時間管理很重要，對主管的工作效率與團隊帶領更是關鍵。

2 充分運用被忽視的八〇%時間

當了主管，事情一定會變更多，你會有八〇%的成果，來自於二〇%的時間。換言之，你花費的八〇%的時間，可能與成果沒有關係。

這八〇%的時間，是主管必須面對的效率問題。

因此，當你接到任務時，一定要先弄清楚三件事：

1. **確認目標**
2. **確認時程**
3. **確認溝通是否有效**

清楚任務方向，才有高效能

事情很快做完，是效率；事情很快做好，是效能。

多數人都會聚焦在效率上，希望事情趕快做完就好，卻忽略了效能。

在考卷上把名字簽好、題目寫完交出去，跟把考卷交出去還得到一百分是兩回事，前者是效率，後者是效能。

運用在職場上，有些員工做事很快，但如果細究他的工作品質，會發現他常常做錯事。

跑得快，還要跑對方向。如果跑很快，可是方向完全不對，那也是徒勞無功。

因此，當你接到任務時，首先要確認的是，你是否清楚這個任務是什麼？

接到任務的當下，一定要跟主管確認任務的目標跟自己的理解是否一致。如果理解錯誤，那你做得再勤快都是白費。

確認工作時程並回報進度

別以為確認工作時程很簡單，很多工作往往會因為對時程的認知不同而產生隔閡。例如，中階主管跟上層開會時，認為其部門可以勝任這項任務，但之後跟部門同仁下達指令時，才發現部門同仁根本沒有辦法在指定時間內達成目標，就會產生問題。

自己認知的工作時程，對上跟主管的認知是否一致，對下與部屬的認知是否一致，上傳下達都要一致，才能貫徹目標。

身為中階主管，你必須確認人力與資源是否充足，可以在時間內完成任務。

執行一項專案，往往需要一段時間，在這過程中，不要忘了跟主管回報進度，確認專案是否繼續進行，或者需要調整方向，以及團隊的工作結果與主管期待的目標是否一致，免得你辛苦帶領團隊，到頭來卻是在做白工。

確認訊息傳遞是否相符，溝通是否有效

當中階主管把執行任務傳達給同仁時，必須確認同仁能否勝任，是否需要其他輔助資料、資源，這些都是身爲中階主管必須確認的後援。

如果同仁出現情緒不安的情況，有必要進一步了解造成同仁不安的原因，是因爲工作出現困難，或是對流程不熟悉，抑或是其他問題，這些都必須與同仁溝通。

以我的經驗來說，我會多鼓勵同仁說出自己不擅長、不理解的部分，當他提出疑惑，我不會用「我現在很忙」「你又怎麼了？」來回絕他，因爲這樣他就不敢再多問了。

好的表達方式，是鼓勵對方提出自己的需求。

當同仁提出問題時，通常我會告訴他：「我五分鐘後去找你。」讓同仁比較有安全感。

找出同仁的困難點，才能有效協助同仁因應問題、解決問題。中階主

管也能藉此掌握介入的時間點，教導部屬可以怎麼做。

應對之間都是在溝通，也會影響個人與團隊整體的時間管理與效能。

職場上，如果充斥太多二手訊息，或是傳遞訊息不順暢，都會造成時間上的成本與浪費，甚至影響任務無法順利完成，團隊無法做出成果。

身為主管，你要設法讓同仁開口，引導同仁說出自己的困難讓你知道，這是團隊解決問題很重要的一環。

這需要主管創造一個安全、信任和支持的工作環境，並以積極的態度和有效的溝通方式來回應和支持同仁。

3 善用科技產品，爲工作加分

高效時間管理有幾個要點：

理論基礎：判斷事情的輕重緩急，決定優先順序。

心態層面：養成並貫徹不拖延的習慣，一氣呵成完成工作。

實際運用：善用科技產品，爲工作加分。

前兩點，我在前面的章節已經談過，這一節，我就來分享如何善用你的手機。

現在有很多科技產品可以運用，對於提升工作效率有很大幫助，但很多人並不知道怎麼善用這些科技產品。身為主管，更應該熟悉科技產品的運用，讓自己事半功倍。

幾乎人人都有手機，每天大小事都仰賴它，但我想多數人並未把這掌中科技產品的功能發揮到淋漓盡致。

科技產品運用得好，可以幫助我們整合資訊，而且不需要花大錢，有許多功能完善的ＡＰＰ，都可以幫我們隨手處理事情，做好時間管理。

我的時間管理工具

以下是我在管理時間與工作進度上會使用的ＡＰＰ：

臉書與 LINE

幾乎每個人手機裡都有臉書與 LINE，我會用它們來聯絡事情。

Any.Do

這是管理待辦事項清單的軟體。我們每天的計畫，理應今日事今日畢，如果沒做完，any.do 就會提醒。

只要是主管職，不論位階高低，工作項目一定是來自四面八方，你手中會有好幾個專案同時在進行。我會爲每個專案，分別建立不同的清單，讓 any.do 來提醒我進度。

Todoist

這個APP支援協同合作，可以列入的工作項目包括個人生活、工作、購物等，可以在清單上做任務分層，細分專案類別。

Quality Time

我們常常一不小心就把時間浪費在不重要的事情上，這個APP以分析表與曲線圖來告訴我們，是否在計畫的時間內做了別的事情。

電郵

很多人已經不使用電郵，但我的習慣是，正式的工作往來還是會發電郵，而不是用 LINE 傳送。因爲有些人不會馬上從 LINE 下載檔案，檔案常常過期而失效，所以我會建議，檔案還是以電郵寄送比較適切。

雲端

照片我會上傳到雲端，方便整理與管理，因爲手機可以定位，拍攝的照片也會顯示定位，這讓我在後續報帳與行程安排都有很大的幫助，不用再花時間一一整理。

現在有很多雲端平台都支援協同合作、共同編輯的功能，我會打開權限，讓多方同時運作，可以節省時間，不需要像過去那樣，還要等一方修訂完回傳，再接續彙整。有時候專案牽涉到三、四方，若不開放雲端協作，書信往返就會花掉很多時間。

其他

除了APP的使用之外，每天閱讀大量訊息也是很重要的。我每天一起床，會快速瀏覽手機上的新聞訊息，至少要知道每天的重點新聞。

接著確認今天的行事曆，把今天該聯絡的、該回電的，都聯絡過。手機中的待辦事項APP，都可以連接到行事曆，因此只要看行事曆就一目瞭然。

可以當下處理的，就不要「等一下」。等一下，你很可能會忘記，因為每天有太多事追著你跑，所以，在第一時間就將大多數的事情都處理完畢是很重要的。

晚上，我一定會閱讀電子書，再給自己半小時逛逛購物網，放鬆一整天的勞累。

善用你的手機、平板，選擇適合的APP，你就有萬能的祕書為你掌握工作進度。
你可以管理和掌握工作細節，提高工作效率，並與團隊成員更緊密地、更順利地協作。

4 視訊會議不是看電視聊天

因爲之前疫情的關係，視訊會議已經成了職場上稀鬆平常的事。召開視訊會議時，主管仍要很清楚會議的目的並掌握會議效率。

掌握視訊會議的重點

拜科技之賜，視訊會議能夠呈現的樣貌幾乎不輸給實體會議。但在這看似方便的平台上，主管若不夠細心，人跟人之間的距離會更遙遠，因爲你無法知道對方到底在想什麼。

網路上就流傳一個笑話，網紅或直播主都會使用濾鏡、美肌，結果被抓包後，發現實際年齡是四十歲，不是二十歲。

在視訊會議上，身爲主管的你，究竟掌握多少眞實資訊？部屬對於提報的內容是眞的熟悉、還是其實有別人替他操刀？這些都是主管要很細膩觀察的面向。

在召開視訊會議之前，主管要很清楚幾個重點：

這次會議要溝通的訊息是什麼？

你想要透過會議知道什麼，這個目標要先確定。

別以爲這是理所當然的事，有些主管召開視訊會議，只是想找人說話，或者只是想找個人交辦事情，繞了半天，與會者根本聽不出會議重點，到底是要提出改善措施，還是要提出行動計畫？很多主管其實自己也不清楚，甚至連自己在說些什麼都不曉得，這是現在視訊會議上很嚴重、也不少見的狀況。

與會者抱持什麼樣的態度？

每個人對於視訊會議抱持的態度不同，有人遵守紀律，有人不按牌理出牌，主管要很清楚現在是哪一方發話，哪一方接收。即使是視訊會議，也要展現紀律，這很重要。否則大家的發言沒有聚焦，聊天也就算了，萬一是衝突，主管得適時出面仲裁，防止衝突擴大，否則會議將很難進行下去。

用同理心聆聽

視訊會議上，我們只透過螢幕看到對方的臉，聽到他們的聲音，有些同事的表達可能需要被支持、被協助、被補強，主管是否夠細心，接收到這些需求了？有些部屬的表達可能容易遭到誤解，主管能否適度地介入調解？

開視訊會議時，請記得，一樣還是要有紀律，也要掌握效率，不要因爲居家工作就變得鬆散。

有些公司開視訊會議，一開就是一下午，因爲有些人把視訊平台當成是在看電視聊天，這將造成資源浪費，也延誤工作效率。

身爲主管，要把平時的紀律延續到視訊會議上，確認每一次會議要達成什麼目標，按表操課是很重要的事。

溝通媒介不同，但對工作的態度與價值觀並不因此而改變，甚至更為重要。

第4章

爲什麼上面總是不授權？

——打破職涯天花板，向高階挺進的關鍵

1 提升我們在職場上的「價值感知力」

你是否值得公司花高薪聘用你？或者你現在的薪資，在公司看來，是否符合CP值？這取決在你，而不是公司。

這一節，我用「價值感知」這個概念來引導大家。

公司花錢請你，你能否展現相應的價值？

每個人對價值感知的定義不同。

所謂價值感知，是指當我們獲取一項商品或資訊時，權衡利益之後，對這項產品或服務的評價與感受。

價值感知是成交的關鍵。

同樣的，我們在公司任職，老闆付我們薪水，也有價值感知，老闆也會思考，付這樣的薪水給這個人到底值不值得？CP值高不高？

對公司來說，每一筆人事成本，當然都必須發揮效益。

因此，我們一定要讓主管覺得，任用我們是非常值得的選擇。

你能不能讓老闆覺得，付給你的這筆人事成本CP值非常高，這是關鍵，也影響你的工作效能。

上面的人會考量下面的人是否值得栽培。相對的，下面的人也會衡量上層是否值得經營，對自己的幫助有多大。

如果部屬覺得你只是個掛名的主管，表示他認爲，你對他的幫助很小，甚至沒有幫助，這樣彼此的默契與合作就會充滿困難。

要讓同仁覺得你是稱職的主管，有擔當、能扛責，你不能只是幫部屬做事，要協助他勾勒出未來藍圖，支持他向願景邁進。

身爲中階主管，你要能夠承上啓下，協助同仁完成上層交辦的任務，達成目標，上層才會授權給你。

〈案例〉只想單獨完成所有工作的領導者

我的公司中，有一位名叫 Jacky 的軟體工程師，他在團隊中擔任領導者的角色。Jacky 是名校畢業，擁有卓越的技術能力，有任何新增規格發想，總會以自己的想法和方法執行，經常忽視與團隊成員的合作和成就他人的重要性。

在一次重要的專案中，Jacky 決定獨立開發一個關鍵功能，他深信自己能夠快速有效地完成這項任務。然而，隨著專案進展，團隊成員卻感到被排除在外，他們對 Jacky 的行爲感到驚訝不滿，並逐漸失去動力及向心力。

Jacky 開始意識到自己的錯誤。他主動與團隊成員溝通，邀請他們一起參與關鍵功能的開發，鼓勵他們提出自己的意見和想法，並且表現出對他們貢獻的認可和尊重。

這種開放和合作的改變了團隊的態度，成員們重新獲得了動力和積極性。經過與團隊的共同努力，專案進展迅速而順利。Jacky 與成員之間也建立了牢固的合作關係。

主管的成就是團隊績效，不是個人英雄

身為主管，你的價值不在於個人成就，更非個人英雄，而是創造一個績優團隊。

首先，你必須建立一個團隊認知，即每個人都能當主管，而現在是由你來擔任此職務。你必須讓團隊目標一致，不能人人都想當領頭羊，如果每個人都想掌握主導權，會造成多頭馬車，團隊將變成一盤散沙。

主管很重要的職責，是透過計畫、組織、指揮、協調、控制等方式，

安排人力與資源，完成部門的任務，從而實現公司的目標。

不要想去改變上層的想法，了解上層所託付的職責，並以同仁們能夠接受的方式，很忠實地傳達上意，讓團隊對未來有希望，並且有發揮的空間。

你要讓自己的一部分是「複製型」的主管。

所謂複製型，就是把一些執行工作流程化、標準化，讓同仁有章可循，能夠快速完成任務。不需要每個同仁都花時間摸索形成自己的SOP，這樣並不利於同仁的效能展現。

如果同仁犯錯、失誤，你也要給予一些空間，讓他從錯誤中學習解決問題，這也是很重要的一環。主管只要盡力把傷害控制在可以承受的範圍內即可。

回想自己走過的路，我們也是一路犯錯、累積經驗過來的，這樣才不會用嚴苛的眼光檢視同仁的失誤。

要讓同仁認同企業文化，在追求個人成就的同時，不要落入惡性競爭。團隊內部，少一點戒心與猜忌，多一點包容與同理，多考量別人的立場，而不只是站在自己的角度看事情。每個人都有不同的特點，要引導團隊成員彼此互相包容、學習，追求共好。

一個中階主管的價值感知力，就展現在自己的人脈培養、資源整合，透過具體的執行方案，在同仁可以達到的層面上，循序漸進交付任務，最後，讓團隊完美合作，將團隊實力極致展現。

承上啓下，考驗你的實力

中階主管常常夾在老闆與部屬之間，如果老闆丟出一些工作，部屬無法招架，這就是考驗中階主管的時候。要兼顧做事與做人，對上、對下都要面面俱到，這是很不容易的。

如果你的部門無法如期完成工作，要隨時回報上層，並注意主管的情緒。如果老闆生氣，團隊的考績當然就不會好。因此，你還必須顧及老闆的情緒，不要因爲挨罵就跟老闆對立，這樣你被拉黑，你的部門也會跟著遭殃。

與老闆之間，要建立良好的溝通管道，遇到問題隨時回報，不要被動地讓老闆想到來提醒你，尤其千萬不要讓老闆從別人口中聽到你部門的狀況，這樣你麻煩就大了。

這也顯示出你的承擔與勇氣。不論遇到多大的事，當你可以主動回報，就表示你願意面對，這樣高層才會信任你，部屬也會挺你，這是帶領團隊很重要的精神與態度。

我們要與團隊共同學習、成長，學習用自己的專業聆聽別人的不專業，從中激發創新思維，避免對立，達到上下整合，才會前途無礙。

2 爲什麼主管總是不授權？

職場上，常會聽到不少人抱怨主管總是不授權。

「又要馬兒跑，又要馬兒不吃草」，似乎成了最常見的慣老闆特質。

不過，當我們面對不授權的老闆時，是否曾想過：我值得被信任嗎？

如果上面眞的把權力交給你，你準備好扛責了嗎？

〈案例〉我明明是業績最好的業務……

在業務單位裡，業績好、拿到大單的人，往往就是公司紅人。

業績好壞，是各憑本事，沒什麼好質疑的。不過，績效雖然很重要，但為人處事，也是主管考核部屬的標準之一。

我過去待過的一家公司，有位業務副總，每次開會，他一定是最晚到、壓線的那個人，有時候還會遲到。

不管他何時出現，一進會議室，就是大張旗鼓地宣揚自己的業績：「客戶要簽約，大客戶啊！」「我又拿到大單了！」好像會議必須為他的成果而暫停。

這位副總每次都是這樣閃亮出場，會議室總少不了他的聲音。

明眼人一看就知道，他就是皮，而且很會運用小聰明，擅長拿業績來掩飾一些過錯。對老闆來說，業績就是王道，老闆也不能罵他，但他開會遲到、出了一些紕漏，也是不爭的事實。最後，他就成了獨行俠，老闆乾脆讓他去闖，但也不會託付重任給他。

他也很清楚自己被邊緣化，所以也會抱怨：「我明明是業績最好的業務，為什麼上面總是不授權？」

他是聰明反被聰明誤，沒看見自己鑽漏洞的習慣，犯錯就幫自己找台階下，但主管都看在眼裡，只是不說破而已，長官當然也就不會託付重任給他。

再者，這位業務副總以爲自己業績最好、無法被取代，表面服從，私下結黨結盟，營造一種他是地下領袖的氛圍，對這種人，主管當然會心升警戒，怎麼可能授權給他？

你是執政黨，還是在野黨？

要讓主管授權，得先自問：我有沒有眞正成爲公司的執政黨？我願意全然奉獻給公司嗎？還是有二心，有條件，有盤算？

你的心思，外顯的行爲與作爲是看得出來的。

那麼，我們要怎麼做，才能讓主管放心授權呢？

1. **要有方案。**

2. 要有計畫。

3. **如果計畫失敗，那就要有替代方案。**

4. **如果連替代方案都不成功的話，你還會怎麼做？**

一定要讓主管知道，如果事情不如預期，沒有辦法處理的話，你還會怎麼做。也就是說，要讓主管認為你是一個思慮周全，而且有能力承擔的人，不僅追求個人成功，也顧全大局，為公司考量。

主管會因為你的細膩周全而信任你，即使事情未如預期，也會相信你能夠處理。相反，如果你犯錯就逃避、隱瞞，那就別奢望主管會把重責大任交給你。

要得到主管授權並不容易，因為這涉及你的決心。

當我們抱怨主管不授權的時候，別忘了回頭想想：自己是否值得被賦予這項權力，是否值得信賴？我們做事是否細膩周全、面面俱到，還是忘東忘西、掛一漏萬？

在工作中展現你的決心

你可以採取以下方式展現決心，讓主管對你放心：

實現目標

設定明確的工作目標，並製定詳細的計畫和策略。確保目標按時實現並超越預期，向主管展示你對任務的承諾和追求卓越的決心。

主動承擔重要職責

主動承擔重要職責和專案，展示出你具備領導和管理的能力，並透過高效的組織和協調能力，確保任務順利完成。

保持積極樂觀

保持積極樂觀的態度，並在面臨困難和挑戰時表現出決心和毅力。以熱情和動力激勵自己，並以積極的言行，激勵團隊和同事。

展現領導力

主動發現機會，並提供領導和創新的解決方案。透過領導和激勵團隊，展現你具備遠見和領導能力，與主管共同推動工作和團隊的成功。

主動學習和提升

不斷學習和提升自己的技能和知識，參加培訓課程，了解最新技術和產業趨勢，成爲主管眼中的專業人才。

對組織價值觀的認同

對公司的願景、使命和價值觀表示支持，與組織的核心價值觀保持一致，並積極爲公司的利益而努力。

這些做法可以幫助你在工作中展現決心。重要的是要保持專注、始終如一，表現出對公司和團隊的承諾和熱情。

我們很容易只看到自己的成果，就單方面地索求，卻看不到自己沒做好、沒做到的那一面。

畢竟主管經驗比我們豐富，往往一眼就看透問題核心。

要讓主管授權，必須展現你的決心，讓人可以放心，並讓公司將你視為值得栽培的核心幹部。

3 讓自己值得被信任

信任，是職場上非常重要的一環。特別是當你要向高階邁進時，公司上下是否都充分信任你，決定你在職場上的位置。

相信自己

當我們好不容易升上一定的位階，可能會覺得夢幻，很難想像自己眞的進入另一個階層。

這時，可能會有兩種心態：一種是現在就好好當個小官，回饋自己；另一種有點像是媳婦熬成婆的感覺，覺得自己是努力過來的，也要讓部屬嘗嘗同樣的艱辛。這就造就不同主管的心態，也會帶出不一樣的團隊。

坦白說，這兩種心態我都經歷過。

我剛當上小主管時，面對部屬，會有一種感覺，總是在想：你以爲當主管是這麼容易的事嗎？我認爲應該讓他們接受很多挑戰、面對很多困難，才會知道這條路並不好走。

每次同仁做事的時候，我會刻意不告訴他們方法，讓他們走過一趟冤枉路，重新來過時，我再給予指導。

後來我發現，如果要提升團隊效能，我應該先把自己失敗的經驗分享給他們，減少他們走冤枉路的機率，才能快速達到目標。

讀者是否發現，這一切都跟我抱持的心態有關，也就是，我是否相信自己。

如果我不夠相信自己，視野只局限在自己的象牙塔裡，我就顧及不到團隊，遑論眞正帶領團隊。

因此，相信自己能夠做到，是最重要、也是最基本的事。而不是當上主管後，還要自我防衛，時時擔心自己被幹掉。

當我與同仁互相信任，我的經驗、走過的冤枉路，以及成功的方法，就可以建立SOP，用系統化、流程化、模組化的方式與他們分享，並且傳承下去。

當我相信自己，願意分享，同仁學到更多，也會更積極表現，整個團隊的表現自然會提升，帶來正向循環。

當然，每一次踏出舒適圈，嘗試新的工作與領域，我們難免會害怕。這時，請告訴自己：「我可以！」

如果不相信自己可以，就會缺少嘗試的勇氣。至少要給自己嘗試的機會，如果真的不行，再放下，而不是從一開始就放棄。

我自己剛當上主管時，也曾經很想逃跑，但我們一定要相信自己可以做到。挑戰的過程中，會遭遇到很多挫折，但這也會撞擊出自己不曾發現的潛能，很多能力就是在困境中被激發出來的。

追求舒適是人性；但挑戰，是讓我們更加卓越的跳板。

相信主管

當主管要求很多、很嚴厲時，我們可能會覺得很煩，尤其主管可能都用否定的方式來表達，例如：「你怎麼這麼笨！什麼都不會！」「我已經講那麼多次，你怎麼還不懂？」「你到底有沒有用心？」我們通常會在心裡嘀咕：「如果我這麼會，我就是主管了！」

但請換個角度想，主管罵你，表示他願意教你、栽培你。

主管也沒跟你索價，他大可以不管你，爲何要花時間教你？

當然是因爲他希望繼續用你，希望你跟他朝同一個目標邁進，想把你訓練成爲他心目中的理想人才。

因此，你要相信你的主管。當主管要求你，表示他看重你。

有些主管會要求部屬，每件事情、每個環節要向他回報，但很多部屬一聽就心生抗拒，覺得這樣是被管、被嘮叨。部屬會認爲主管只要知道結果就好了，爲什麼要還要過問細節？

因此上面越是交代，下面就越反骨。

但是這種對立，對於彼此的信任毫無幫助，只會加深誤會。

不論主管如何嚴厲，你要記得跟主管說謝謝，謝謝他願意訓練你；他挑你毛病，也要謝謝他願意告訴你。

中階主管面對的要求會更嚴厲。因爲高層對主管的要求已經不是個人工作層面，而是團隊績效，所以要求自然會更加嚴格。

主管給你的壓力越大，表示他對你的期望值越高。

從小到大，對我們要求最多的是父母，他們不會去要求鄰居家的小孩，因爲那不是他們的孩子，父母對他們沒有期望值。

主管也一樣，工作上，你與主管的關係很緊密，他會認爲有責任把你教好。因此，你要保留彈性，隨時修正、隨時改善、隨時回報，讓主管帶著你一起向前。

你值得被信任嗎？

你覺得，自己在職場上是被信任的嗎？

很多人一定覺得這眞的不容易。

爲何不容易？這不是單向的問題，是雙向的關係。

換言之，如果我們沒有讓對方知道「我相信你」，犯錯也沒有適時回報，這樣要讓對方認爲你值得相信，是很難的事。

我剛升任中階主管時，跌了很多跤，主管薪水才多兩、三千，然而，一旦我犯錯，老闆不僅不聽我解釋，還要我扛責。

當時我會覺得很懊惱，在心裡頭埋怨：「我可不可以只做原本的工作就好，那兩、三千塊我不要拿！」

可是，我的主管眞的很用心，雖然有時候會罵人，但也不厭其煩地教了我很多事情。

要讓自己被相信，必須讓自己被看見。

工作上，犯錯、失誤都是在所難免，「不貳過」才是關鍵。就人性而言，一旦犯錯，我們會因爲心虛，就默默把事情做完，也沒跟主管當面回報，如此一來，主管不會知道你的狀態爲何。

犯錯、失誤、沒有達標，都應該如實回報。列出績效、考核、目標等，跟上一季比對，這次是否成長，如何調整、改善，就能一目瞭然，主管也會看到你和你的部門有何變化。

白紙黑字做出報告，跟僅僅口頭允諾是不一樣的。

讓主管知道你有把每件事放在心上，把他當一回事，主管會覺得非常欣慰。

這對主管也是一種激勵，當主管感受到你重視他的引導，他會把自己全部的技能傳授給你。

讓自己值得被信任，最大的贏家還是你自己。

相信自己、相信主管、讓自己值得被信任，這三部曲聽來容易，但要落實，需要意志力貫徹。

4 這又不是我的工作

「這又不是我的工作！」「這又不是我部門的事！」「我不知道。」「我沒辦法。」這些話盡量少講，因爲這意味著消極被動的思維。

你處在哪種工作狀態？

以下我舉出十一種工作態度，你可以評估自己處在那個狀態？

1. **等待主管交辦**
2. **主管交辦就去做**

3. 主管提醒就去做
4. **認眞做好交辦事項**
5. **快速、正確完成交辦事項**
6. **完成交辦事項並回報進度**
7. **主管還沒交辦，已在進行**
8. **主管還沒交辦，已經完成**
9. **主動完成事項並告知結果**
10. **預防狀況發生，提早完成事項**
11. **預防狀況發生，想好解決策略**

大部分人都會做到前三項，比較少人做到後面幾項。兩邊的分野，就是前三項很明顯是在等待。

爲了確認「這是不是我的工作」，等待成了最好的方式。因此多數人都處在等待的狀態，有講就做，沒講就不做。

但是，當你成爲中階主管，幾乎每件事都要你主動去做、去盯、去要求，根本沒有等待的餘地。

但有些中階主管還是處在被動等待的狀態，所以在會議上，我們會聽到中階主管說：「這又不是我部門的工作。」

我在這邊要提醒中階主管們，當你想脫口說出這句話的時候，請先自問：這話是對的嗎？這眞的不是我部門的工作嗎？

嘴巴永遠要比腦子慢一秒。

很多主管會把「這又不是我部門的工作」這句話掛在嘴邊，這聽在高層的耳裡，會覺得你是個愛計較的人。

試著站在老闆的立場，你就會很清楚知道，工作需要的是團隊分工，而不是等待交辦。

負責還不夠，當責才是擔當

當主管的人，一定要學習思考的一件事就是，用創業者的心態來看公司。

對創業者來說，左邊口袋、右邊口袋都是他的口袋，所有口袋裡的錢都是他維持公司營運的錢，每件事情都是他必須完成的事。

就業者與創業者的心態完全不同，區別就是：負責和當責。

負責是只做好分內的事，著重執行責任；當責是對結果負責，著重成果責任。

就業者負責執行任務，思考是我執行這件事會賺多少錢。以就業者的心態來看，他在乎的是，我花多少時間出去，就要賺多少錢回來。

然而，創業者想的是，如果沒有完成這件事，就拿不到錢。創業者是賭上他的一切，用全部的時間與積蓄去完成他要做的事情。

做每件事情的時候，我們可以觀察自己的情緒起了什麼樣的反應。

自己不想做的事，別人卻甘之如飴地接下，還圓滿達成目標，這時，我們會用什麼樣的心態面對？我們吃味了嗎？還是嫉妒、抱怨？

覺得嫉妒、抱怨，是因為我們只看到最後的成果，沒看到別人前面付出的辛苦，否則就不會脫口說出「這又不是我的工作」「這又不是我部門的事」這樣的話來。

以開會為例，召集大家開會是誰的工作？很多人認為這是祕書的工作，但開會可以區分成執行者和管理者兩個部分，最宏觀的角度就是，這是大家要一起完成的會議，如果沒有人參加，會議也不用開了，所以這是大家的工作。

若要討論分工，也請中階主管們多用點心，讓自己的表達有點智慧。

例如，你可以說：「我們來拆解這件事，看如何分配工作。」會比直接說「這又不是我的工作」好很多。

用「如何分配工作」的角度來溝通，讓大家一起參與討論，處理上就會少了很多想撇責的氛圍。

當自己能力不足時，你可以以婉轉表達，並讓主管知道你願意學習。以下示範可供參照：

「非常感謝您給予我這個機會。然而，經過我初步的分析和評估，我意識到自己在這個領域的能力還有待提升。雖然我目前缺乏必要的經驗和技能來完成這項任務，但我希望能向您表達我願意學習和成長。

我相信，透過充分的培訓和指導，我將能夠逐步掌握所需的知識和技能，以便在未來勝任類似的任務。我願意投入額外的時間和努力來學習，並希望得到您的指導和支持。

如果您有任何建議或可提供的學習資源，我定全力以赴並萬分感激。再次感謝您對我的信任和機會。我期待著學習，並在未來能夠更好地應對挑戰。」

以上的表達方式表明了你對任務的誠實和謙虛態度，同時也強調了你渴望學習和成長的決心，願意投入額外的時間和努力，並希望得到主管的指導和支持。

試著感受這些口吻：「這工作我不太擅長，有沒有人有過類似經驗？」「這件事我沒做過，我可以向誰討教、學習？」用這樣的方式表達，就會跳脫負責思維，進入當責心態。

5 你還可以爲公司貢獻什麼？

「難道要我請你走路嗎？」通常老闆講這句話，表示已經忍無可忍。我用這句話來提醒中階主管們，我們必須經常思考：當公司需要你時，你貢獻了多少？是否全力以赴？

〈案例〉難道要我請你走路嗎？

我的一個學生如君，工作非常認眞，很認同公司，爲了捍衛公司政策，常常扮演黑臉，但她一點也不怕得罪人，工作多年下來，很受主管器重，一路順遂升官。

只是風水輪流轉，公司內部組織變革，國王人馬換人做，她也跟著被拔官。得勢的A來找她，給她兩個選擇：一是優退，一是轉任總機小姐。

如君脾氣很硬，決定轉任總機小姐。A有點詫異，還要如君再想想，但如君心意已決，就毫無懸念地面對總機小姐這份新工作。

如君當總機小姐，每天還是開開心心上班，認眞工作，完全沒有委屈之感。

A仍然沒放棄說服如君離開，直到有一天，如君直說：「我做總機做得很開心，如果你要我掃廁所，我也可以掃得很乾淨，把馬桶的水舀起來喝給你看！」

她就是這麼倔強，爲了爭一口氣，說什麼都要繼續留在公司裡。

過了四個月，新任董事長也認得如君，看到如君在門口擔任總機小姐，非常訝異，就把如君調去當他的特助，變成A的上司。

A看到這結果，嚇傻了，過沒幾天，就遞上辭呈給如君。如君沒同意，還是把他留下，不過，如君把A的工作都分派出去，A變成無事可做，曾一度希望調到別的部門，卻因爲條件不符而未果，A覺得自己被冷凍。

如君以當時自己當總機，甚至可以掃廁所爲例，告訴A：「你覺得自己還可以爲公司貢獻什麼？一星期後交報告。」

一星期後，A寫不出來他能做的事，如君告訴他，如果想繼續留在公司，做什麼都好，自己要想辦法找事情做。

過了一段時間，董事長看到A在逛大賣場。原來，A仍然沒有跨過門檻、積極爲自己找事情做，反而以幫公司採購爲由，去賣場閒晃逃避。

之後，董事長就當他的面直說：「難道要我請你走路嗎？」

董事長接著問：「如果你留下，你還可以爲公司貢獻什麼？」

A回答不出來，董事長就說：「當公司需要你時，你就應該全力以赴，而不是什麼表現都沒有，讓我請你走路。這樣你還有路可退嗎？」

不論職位大小，都要全力以赴

公司組織裡，一定會有人事角力、派系鬥爭的問題，大家爲了競爭求生，這是無可避免的事。但你若能讓自己充滿彈性，對公司懷抱最大的向心力，那麼不論國王人馬是誰，對你都不會有傷害。

如君與A正好代表兩股不同勢力，也代表對應自己權力與角色、位置的改變，兩種完全不同的態度。

如君的作爲表示，不論身處什麼職位，只要公司需要她，她都會盡全力把事情做到最好，而不是挑三揀四。

要記得，公司給你職位，在乎的是你爲這份工作帶來的績效，而不是這份工作帶給你的權力有多大。然而，很多中階主管想要的，其實是這個職位背後的權力與福利。

千萬別小看總機，如君在這位置上幾個月，很清楚地認知到總機的轉接與收發工作，也需要很有效地記錄、整合、歸納，進行統計與分析。如此一來，這些瑣碎的工作也可以數字化、績效化、程序化。

如果我們在每個位置上都能這樣用心以待，建立一套自己的流程，就不會有讓老闆請你離開的一天。

「難道要我請你走路嗎？」這句話意味著你在公司已經沒有貢獻了。

要避免老闆有意讓你離開，必須持續提升自己在職場中的價值和貢獻，展現出積極的工作態度和專業形象。保持學習、成長和適應變化的心態，將有助於你在職場中不斷提升自己的價值，並獲得持續發展的機會。

6 懂得放下，你就強大

升遷的路上，不會總是盡如己意，面對眼前的挫敗，你是失落、沮喪，就此放棄，還是繼續努力、克盡己職？不同的思維，會帶你走向不同的職涯發展。

〈案例〉蹲低，是為了跳得更高

淑鈴在公司一向表現優異，很受高層器重。當公司有兩個部門主管職開缺，一個是只有兩名部屬的小單位，另一個是有三十名部屬的大部門，淑鈴很自然選擇爭取大部門的主管職，與她一起競爭的，還有兩名男同事。

經過人評會評鑑後，淑鈴落選，由其中一位男同事出線，成爲這個大部門的主管，淑鈴則被指派擔任只有兩名部屬的小單位主管。

當下淑鈴很不服氣，跑去問高層：「爲什麼我落選？不論學歷、經歷或工作態度，我都比他們更好！爲什麼不是我？」

兩位高層口徑一致告訴她：「人評會認爲妳是適婚、適產的年紀，考量公司發展前景，如果妳結婚、生子，可能沒辦法全力和公司一起拚。」

淑鈴一聽，很清楚這根本是職場歧視，何況她進公司時，就表明自己不婚、不生，並沒有人評會的顧慮。

淑鈴非常生氣，但她決定先放下這件事，用行動證明公司的決定是錯的。

後來，新任主管因爲要接小孩下課，得準時下班，淑鈴都會待得比較晚，該部門每天都有人來向她請教工作上的問題。起初淑鈴很生氣，心裡罵：「爲什麼我要幫你做這些？」但她還是會協助同仁解決問題。

日積月累之下，淑鈴慢慢熟稔這個單位的事務與每個人的職掌，也發現兩個部門職務上有許多重疊之處。後來，淑鈴乾脆把該部門四個人負責的工作吸收到她部門，因爲工作內容差不多，而且她部門的兩個人就可以完成原來四個人的工作量，還不影響下班時間。這讓淑鈴開始思考，兩個部門職務可以如何整合，優化工作流程。

淑鈴在主管會議上提出這個構想，高層一看，非常驚訝，沒想到公司組織還可以這樣整併、精實，於是決定合併兩個部門，並指派淑鈴擔任這個新單位的協理。原本勝出的男主管，成了淑鈴的部屬。

這個結果，距離淑鈴一開始爭取主管職，不到九個月。

回到熱情與初衷

淑鈴的例子讓我們明白，眼前看似挫敗的結果，其實是在醞釀下一次的成就。

如果當時淑鈴負氣向上申訴，或者變得憤世嫉俗、怨天尤人，一定不會有這個完美逆轉的結果。

如果淑鈴端出法律，提出職場歧視等尖銳問題，或許她能如願成爲三十人部門的主管，但失去了高層的信任，即使淑鈴在那位置，日後做事可能也不會太順遂。

人際關係講的是一份情，當關係撕裂了，法律也修補不了這道傷。

如果淑鈴覺得那些求助的同仁不是自己的部屬，因而斤斤計較，不想協助，她也不會看見組織重整的機會。

換言之，這個大躍進是淑鈴自己創造出來的。

我們做很多事情，不需要計較太多做這件事能得到什麼，喜歡、想要就去做，沒有目的地去做。

世界上的富豪，都不是爲了賺錢而做事，他們是爲了理想，財富則是順帶的結果。

比方我先生創業，並不是爲了賺錢，而是他很想做這件事，他很有熱情，一直研究，申請專利，這樣就會獲利。

像我自己，我是因爲喜歡教書而轉任教學，我也沒多想是不是會賺錢，回到熱情跟初衷，用心備課、講課，自然就會有人來找我上課。

擴張自己的職場天花板

當中階主管遇到職場天花板時，該如何因應及採取對策來跳出天花板呢？

此時，需要保持更高度積極的心態和耐心，理解跳出天花板需要時間和努力，而不是一蹴而就的過程。唯有持續學習、自我反思和尋求機會，才是跳出天花板的關鍵。

將天花板視爲挑戰和機會，以積極和專注的態度面對，堅持不懈地努力，你將逐漸超越自己的限制，實現職涯上的突破。

你可以藉由以下五大方式來擴大自己的舒適圈、突破職場天花板：

重新評估目標和職涯規畫

回顧和重新評估個人職涯目標和規畫。思考自己的長期職涯發展，設定下一階段的目標，更清楚地掌握自己的職涯方向，為突破天花板做好準備。

尋求回饋和指導

與主管或專家建立開放和誠實的溝通管道，尋求他們的回饋和指導，詢問他們對你的工作表現和發展的看法，獲取關於如何突破天花板的建議和支持。

擴展技能和知識

尋找機會擴展自己的技能和知識，以增強職場競爭力。參加培訓課程、研討會和工作坊，透過不斷學習，為自己開拓更多的機會和選擇。

探索新的責任和專案

主動承擔新的責任和專案，擴展自己的職責範圍。與其他部門或團隊合作，參與跨領域或跨部門專案。展示你的能力和意願來承擔更大的挑戰，以超越天花板。

建立有影響力的人際關係

與高層和關鍵利益相關者建立積極的關係，保持良好的溝通和互動。這樣可以爲你提供更多的機會和曝光度，並爲你超越天花板創造更多的可能性。

探索新的機會

若在現有職務上經過努力後，明白在當前組織內無法跳出天花板，可以考慮尋找外部新機會，探索其他組織或產業中的發展機會，在新的平台實現個人職涯目標。

當你強大，就能跳得更高。為理想做事，發展無限；為權與利做事，終將碰到天花板。

7 向高階挺進的關鍵：你是主管愛將嗎？

想在職場上更上一層樓，向高階挺進，首要條件就是得到主管認同。你必須清楚自己的角色與分寸，要是模糊了角色和分寸，就可能由紅翻黑，甚至必須離開公司。

那麼，你是不是準備好邁向愛將之路？

你清楚自己的特質嗎？

我曾經在金融業服務多年，幾乎什麼場合、什麼樣的人都見過。

剛出社會的人，會進金融業工作，基本上，學歷、條件不會相差太多。因此，對工作進度的掌控，也就是眞槍實彈在工作上的表現，就是最實際的考核。

不過，工作的過程中，還是會展現出每個人不同的特質。比方說，有人對數字比較敏銳，有人對文字比較能夠駕馭，也有人擅長活動企畫，或是現場表演。

除了工作領域的專長之外，你有沒有其他的特質可以展現？如果沒有機會展現自己，就容易被遺忘。

因此，有企圖心向上挺進的人，要懂得把握可以展現自己的機會。每一次與高層的會議、碰面，都是展現自己的時機，即使只有短短一分鐘，都可以充分表現。

我們要把握這些機會，讓主管有機會檢驗我們的能力。你的表現不見得會受到青睞，但如果你不把握機會，只是保守地留在工作崗位上，那就完全沒有管道可以凸顯你的特質。

因此，不要害怕考核，多一次考核，就是多一次機會。

會議之外的場合也很重要

除了會議，應酬、聚餐的場合，也是讓別人認識你很好的管道。你若熟悉餐桌禮儀、應對技巧，都可能讓人對你刮目相看。

就以喝酒來說，酒量好、酒品好，是多數老闆喜歡帶著一起去應酬的部屬。

飯桌上，如果你能傾聽，也能大方應對，照顧到客戶的同時，也不忘幫老闆做面子，就容易贏得老闆的信任。

更重要的是，應酬後不招搖，口風緊，不會在辦公室炫耀說嘴。若你從頭到尾應對進退都得宜，勢必是將來會被倚重的大將。

喝酒最能看出一個人的人品與自制力。

曾經有個業務單位的主管，學經歷都很漂亮，大家都認爲他工作能力一定很好，然而，一切就在他第一次和客戶吃飯後，全都破滅了。那頓飯局，他失了分寸，把自己喝得爛醉又失態，最後還要別人送他回家。

果不其然，一個月後，他的實際工作能力逐漸表露出來，並非如大家一開始想像的那麼優秀。

喝酒、進食速度、應酬談話內容，都可以看出一個人的靈敏度與積極度。會議桌與應酬桌，都是很好的觀察點。

除了工作領域的專長之外，你還必須具有其他人取代不了的特質，讓自己成為百變金剛，老闆需要什麼，你都能做到，這就是你最大的後盾。

第5章

累積微差力的商業禮儀

——說話、書面溝通、應酬都是智慧

1 我們眞的會說話嗎？

我們每天都在說話，常常都在溝通，但爲什麼有時候溝通不成，反而造成誤會？

事實上，表達背後的思考，才是我們眞正需要學習的地方。

表達要考量別人的感受

身爲中階主管，基本禮儀你必須了解。

社交禮儀的第一層，就是如何把話說好。

話人人會說，但即便是相同的字句，不同的語氣、語速、聲調，都會給人不同的感受，決定溝通的氛圍。

說話要考量別人的感受，而不只是站在自己的立場。

把話說好，讓對方感受到你的高情商，能夠促進職場上的人際關係。

表達方式不好，話說得太直白，或是習慣批評，甚至口出惡言，都會給人負面印象。

話說出口之前，先想像一下，我自己聽到這句話的感受是什麼？多思考一下，自然會知道怎麼表達比較好。

說話速度、音量要適中，音量太大，會讓對方有壓迫感，但也不能太小聲，以免人家覺得跟你說話很吃力。表情與肢體動作要適宜，修辭也很重要，這些都是很細膩的地方，要非常注意。

邏輯要清晰，要有提綱挈領的能力，先說要點，讓對方清楚知道你要表達什麼，引導對方進入你的軌道，兩人的對話才能在同一個軌道上，而不是兩條平行線。

態度要嚴謹，不要隨意評論、傳播別人的事。你個人的事，可以多聽聽別人的看法。別人給你的指點，要虛心接受；給你的稱讚，則要謝謝他的肯定，絕對不要說「你現在才知道喔」，這種理所當然要別人肯定的心態，千萬不要有。

這些事情看似平常，但都是影響我們人際關係與個人信譽的關鍵。

職場上的說話技巧

職場不是你家，如果你把在家裡對待家人的模式搬到職場上，很容易招人厭惡。

對上表達

對上的表達方式，要言簡意賅，你可以主動提出方案，分析利弊，讓主管作爲決策參考。

當你做出承諾時，一定要讓主管認爲你是言必信、行必果的人，有審慎的思考和縝密的計畫。絕對不要信口開河，這是職場的大忌，會影響你的信譽。

對下表達

和部屬說話的時候，千萬要記得，不要擺出架子，一定要尊重部屬。你尊重他，他才會尊重你。

多表揚、多鼓勵，可以提高部屬的積極度，他也會願意多做一些。如果部屬做得不好，我們要給予指導，不能置之不理。

談到比較嚴肅的話題，要記得幫對方留台階，讓他覺得你是懷著善意，眞心爲他著想。千萬不要一味地展示自己有多行、多厲害。

跨部門溝通

如果是跨部門溝通，要顧及每個部門的面子，不要越過對方的專業領域與職責，過度指導。

彼此要有共識，要讓對方覺得「我們要一起完成這件事，而不是造成部門間的對立」。

面對客戶

與客戶見面之前，要先弄清楚對方想解決什麼問題，找到彼此利益的共同點，表現出樂意爲他解決問題的態度，這樣對方才會願意與你展開對話，跟你拉近距離。

面對不同的對象，有不同的表達方式，這些都是需要特別練習與學習的。

身為主管，表達更要自律

主管如果不控制好自己的情緒，很容易把情緒宣洩在部屬身上。

一定要記得，急事要慢慢說。

有些苛刻的主管都會用各種動物來數落員工：「你動作怎麼慢得跟烏龜一樣？」「你怎麼笨得跟驢一樣？」這些都是很不友善的表達方式。切記，不要把這些傷人的話掛在嘴邊。

就算是熟識的部屬，也不能因爲熟識就忽視他的心情。

部屬難免會犯一些小錯，主管要有一定的容錯能力。

面對小錯，我們可以幽默、善意地提醒，不要嚴厲地責備，這樣部屬才不會升起防衛心，也就比較容易接受我們的建議，進而增加彼此之間的信任感。

對於沒把握的事，我們要謹慎確認，可以主動詢問：「我有沒有曲解你的想法？」讓對方感受到我們的謹慎與尊重，不要隨便臆測未經證實的事。

要讓部屬覺得你是一個成熟的主管，有承擔，並且有能力把事情處理好。如果事情超出你的能力範圍，不要輕易答應對方，不要承諾那些自己做不到的事。

當你陷入低潮，不要見人就抱怨，這會讓人覺得你這個主管沒有肩膀與擔當，喜歡把痛苦轉嫁給他人。

你說出來的話，要能夠鼓舞對方，讓他們覺得有幫助。

若你能夠以身作則，部屬們之間的溝通與表達也會越來越正向、越來越好。

列舉十句我在職場中常用的換句話說，讓表達更積極，以促進有效的溝通和良好的工作關係：

1. 原話：「你不應該這樣做。」

換句話說：「也許我們可以考慮其他的方法來解決這個問題。」

2. 原話：「這個計畫不會成功。」

換句話說：「我們可以再審視一下計畫，看看是否有改進的空間。」

3. 原話：「你做錯了。」
換句話說：「我們可以找一些改進的方法，以確保任務順利完成。」

4. 原話：「這不是我的問題。」
換句話說：「讓我們一起找出問題根源，解決它並確保我們團隊取得成功。」

5. 原話：「我沒有時間幫你。」
換句話說：「很抱歉，我目前比較忙，但我可以爲你提供一些資源或指導，幫助你解決問題。」

6. 原話：「這聽起來很困難。」
換句話說：「這是一個具挑戰性的任務，但我相信我們可以透過團隊合作，努力克服它。」

7. 原話：「我不喜歡這個想法。」
換句話說：「這個想法有一些潛力，但也許我們可以再考慮一下實行的方式。」

8. 原話：「你不應該這樣想。」
換句話說：「我理解你的觀點，但也讓我們嘗試看看其他的視角。」

9. 原話：「這是不可能的。」
換句話說：「這是一個具挑戰性的目標，但我們可以一步一步朝著它努力。」

10. 原話：「我幫不了你。」
換句話說：「我會盡力協助，但我們可能還需要尋找其他資源來解決問題。」

使用鼓勵、合作和解決問題的語言，對方會更容易接受，你也會更受歡迎。

換位思考，是有效溝通的關鍵

職場上，幾個溝通的重點如下：

1. 要很敏銳地感受同仁內心的想法，先一步敞開心門跟部屬溝通。
2. 表達要真誠、有禮，再搭配實際的行動與作爲，不能言行不一。
3. 不論對方的背景爲何，我們的態度要一致，不卑不亢。不要用雙標對待同仁，這樣將很難帶領團隊。
4. 一個聰明的主管，話不要說滿，留三分給對方，讓對方有台階下。

5. 說話要先走心，再用腦，最後才是嘴巴。嘴巴永遠都要比腦子慢一秒。

最後，我要再次強調，一定要懂得換位思考，思考對方想要達到什麼目的，或是思考對方可以理解的範圍，站在他的立場，用他可以理解的方式表達，才能有效溝通。

所以，能否有效溝通，說話技巧很重要，也跟我們能否有多一份同理有關。

說話、表達方式不能輕忽，但也不是拘謹過頭，動靜之間如何拿捏，談笑風生又達到目標，這就是智慧。

2 字裡行間的意義

這時代，溝通、聯繫的方式變得很多元，我們在各種通訊平台上交流，情緒管理與應對方式更顯重要。

發送的文字和說出來的話一樣，稍一不小心，就會收到反效果。

我們在字裡行間到底表達了什麼？是否精準傳遞我們的想法？

〈案例〉一封信，不只是一封信

美英是中階主管，同事常會發電郵邀請她一起聚餐，美英總是簡單回覆：「我沒空參加。」

慢慢的，同事開始與她疏遠。

升上主管之前，勤勞的美英與同事關係很好，但同事覺得她升遷後變得傲慢、不通情理。

美英覺得很無辜，因爲她不是這種人。她跟我說，同事下班時間一到就去聚餐，留下很多工作沒完成，她得留下來加班處理。

「他們就這樣把事情都丟給我，自己去聚餐！」她也有埋怨。

而美英就是憑著這樣苦幹實幹的能耐當上主管。

雙方認知的落差，到底是哪個環節出了問題？

直到有一次，美英回我信，我才明白是怎麼一回事。

當時我正在輔導她公司核心幹部養成培訓，我發電郵詢問她可否在幾點幾分一起討論事情。

她直接回覆：「我沒空。」

我心裡想，我是在幫妳欸！額外付出的時間，我也沒多收錢，怎會這樣回應？

我問她平常是不是都這樣跟同仁說話，她說對。

因爲忙碌，讓她成爲省話一姐。而省話，卻讓她成了一個冷漠無情、拒人於千里之遠的人。

我告訴她，以後回信要改成這樣：

「感謝您的邀請，我非常想參加，但部門裡頭還有事，我必須留下來完成，所以沒有辦法參加，祝大家用餐愉快。」

這封信一發出去，馬上就有同事回應美英，問她需不需要幫忙，讓大家一起完成這些工作。

美英完全沒料到，一封電郵、一句話，徹底改變了與同事之間的相處氛圍。

地雷莫踩！幾種常見的錯誤表達

主管寫信跟同仁催收資料，可能會沒頭沒尾地說：

「你上次答應給我的文件，到底什麼時候要給？害我企畫書做不完，被客戶抱怨，被老闆責怪。真枉費我對你的信任。」

這封信犯了什麼錯誤？我們一一來拆解：

1. **主旨不明**

這位主管劈里啪啦寫了一堆，問題是，他到底是要哪一份文件，根本沒講。請記得：一封信、一個主題。

2. **語意含糊**

「到底什麼時候要給？」這就很模糊，時間、日期都要講清楚。

3. **詞不達意**

本來是要催收資料，結果講了一堆無關的事，看不出他到底想表達什麼。

4. 太多情緒性字眼

信裡充滿無奈、抱怨、責怪，收件人也看不出這封信的目的。

不要讓電郵變成情緒出口

「你上次答應給我的文件，到底什麼時候要給？」

這種表達方式，就是情緒抒發大過你想達到的目的，也就是催收資料。

對方當然也就把這封信當成是你在抒發情緒，並且認爲自己沒必要接收你的負面情緒，事實上這樣想也沒錯。

一封信如果有太多情緒性（如：深感、悲痛、悲傷）、威嚇性（如：你再怎樣，我就怎樣）、挖苦性（如：您的做法令人匪夷所思），或是批判性字眼，都是不好的表達方式。

我們要很清楚，我現在做這件事的目的是什麼？

舉例來說，這封信可以這樣寫：

「您好，關於○月○日，您在會議上說要提供的文件，至今我尚未收到，不知道是不是我疏漏了郵件。煩請您在○○前回覆，以利我統整資料。客戶和老闆都非常關切這份資料與進度，需要您的這份文件來完成工作，謝謝您。」

寫公事上的書信，要避免讓情緒主導，另外很重要的一點，就是要讓對方知道，我們是在幫助他，而不是要求他做一件事。

像這封信的寫法，就是在說明「我的狀態」，我讓對方知道我尚未收到文件，可能是因爲我疏漏了郵件，這麼說的同時，當然也是在跟對方確認文件是否已寄出。

這句話相當有彈性，不論對方有沒有把資料寄出，都讓彼此有台階下。就算是他沒寄出，也會因爲你這樣說，感覺你是友善的。

發送電郵或信函，字裡行間要讓對方覺得被尊重，不論是上對下、下對上，都一樣。去理解對方爲什麼無法完成這件事，幫助他完成工作，而你也可以順利達成你的目的，收到文件。

字裡行間要有同理心，一定不能用命令句或質詢句，這些類型的句子會讓對方不舒服，像是：「你寄到哪裡去了？」「你什麼時候有空？」「你爲什麼沒回我電話？」這種命令句會引起接收者的反感。

我們可以換個方式問：「請問月報是放在哪個資料夾，可否告知？」對方的感受就會好很多。

學習正確的表達方式

人、事、時、地、物要清楚

如果要跟同仁催收資料，就要寫清楚是哪一份文件、什麼時候需要。

如果你是主管，信末還可以加上一句：「如果有問題，歡迎隨時告訴我。」

此外，還可以多一些暖心表達，像是在主旨前加個括號，寫上（溫馨提醒），火藥味就不會太重。對方收到這樣的郵件，感受也會比較好。表達的重點，不是你在意什麼事，而是你能協助對方什麼。我們要表達的不是「我覺得」，而是「你覺得」，這很重要。

字裡行間，多說一點

主管常常會發現，爲什麼同仁做出來的跟自己要的不一樣。這種情形很常在辦公室裡發生。

主管可能簡單寫一句話給同仁：「我不接受沒有授權的申請書。」這句話沒頭沒尾，同仁看到這樣的訊息，根本搞不清楚是在講哪份申請書？需要誰的授權？

根本的盲點是，我們都以爲對方應該知道所有事情，但其實對方什麼都不知道。

所以我常常提醒學員，字裡行間寧可多說一點，以期發出去的訊息，對方一看就懂。

引導對方進入我們的溝通軌道

主管常常會發出類似以下的訊息：「如果可以，請在週三前給我。」什麼叫做「如果可以」？可以就可以，不可以就不可以，主管不該講出這種模稜兩可的話。而週三，又是哪個週三？

因此，這句話正確的表達方式是：「請您在○月○號週三之前，把資料交給我。」

身爲主管，你所表達的訊息，人、事、時、地、物都要很清楚。

如果人、事、時、地、物都清楚表達了，再帶入一點情境，說明前因後果，就能讓對方進入你的溝通軌道上。

倒金字塔寫法

請大家記得使用「倒金字塔寫法」，先寫重點，例如要取消會議，就先寫什麼時間、什麼會議要取消，再寫取消的原因，並提出換位思考下的替代方案。

所有的信函都可以使用倒金字塔寫法，就會非常完備。

公事上的書信，請牢記九要點

看完所有資訊再回覆

不要一收到信就急著回覆，因爲往往還會有一些資訊陸續進來，看完所有的資訊再回覆，會比較周全。

主旨要清楚、一看就懂

主旨要清楚，讓對方一眼就清楚你的目的。這有公式可以提供給大家參考。

一個清晰的主旨，元素包括：時間＋地點＋動作（如：召開、舉辦）

十事件。

我還會在最前頭加上【○○】，粗括號裡註明公告、會議、通知、邀請、合約、請求、合作、詢問等，有助於對方整理、歸檔。

一封信，一個主題

一封信不要同時講很多事情。

不要輕易轉發信件

信件不要隨便轉發，視需要再回覆給群組中的所有收件人，以免造成爭議。

情緒性信件先存成草稿

在送出情緒性信件之前，先緩一下，存成草稿，不要急著送出。情緒沉澱下來之後，再看一遍，你會發現，當時寫下的內容，並不全然是自己要傳達的意思。等情緒穩定之後再發信，會比較周全、穩當。

句子要適度斷行

適度斷行，信件閱讀起來才不會吃力。斷行、斷句、標點符號，這些都是文章表情，有助於收信者理解你的狀態。

必要時要更新主旨

信件主旨要隨著事情發展更新。舉例來說，一開始是請大家回覆會議時間，到第三封信已經統計完畢，這時就要更換主旨，不要一個主旨用到底。

不要隨意加註急件

頻繁在主旨上加註「急件」，就好像狼來了，久了，收信人會疲乏。

寄出前再檢查一次

檢查重點包括：有沒有情緒性字眼？附加檔案是否加上去了？

回到一開始的案例，如果美英能夠注意到這些細節，那麼她與同事之間的誤會也不會拖這麼久。

美英的確說明了她的狀態，就是「我沒空」，但沒有讓對方感受到她的難處，所以同事認爲她很無情。

寫信時，我們要用適當的情境來取代過多的情緒。「我沒空」是情緒，「感謝您的邀請，我非常想參加，但部門裡頭還有事，我必須留下來完成」，這就是情境。讓大家知道你所處的情境，大家會更願意幫你。

所以，寫信、回信，當然不只是行政工作，也包含情緒管理的智慧。

〈練習〉

假設你是主管，要向部屬催收主管會議上需要的部門月份執行進度達成率報告，在下週三之前繳交，請試寫這封電郵。

3 社交禮儀：交換名片、稱謂使用、手機禮儀

職場禮儀要注意的細節很多，一個不小心，就可能得罪人而不自知。透過本節集結的重點，希望能幫助你在人際互動上更加細膩。

待人處事

你值不值得信賴？可不可以深交？是能夠長期合作的夥伴嗎？這些都是別人在心中考核你的面向。

當我們請同事幫忙、感謝主管回饋時，「請」「謝謝」「對不起」是

基本表達方式。「請」字開頭、「謝」字結尾，是創造好人緣的基本。

對待同仁，要尊重、友善、包容，不要窺探別人的隱私，取笑同事。如果聽見有人在說其他人的私事，你要轉移話題。

如果有人跟你要另一個人的聯絡方式，記得先徵得對方同意。因爲有時候我們一疏忽，不經思考就交出對方的聯絡方式，可能會造成對方的困擾。

手機禮儀

現在大家幾乎都是手機不離身，任何時間、任何場合都可能拿起手機來使用。可是，在商務場合上，要記得，少用手機。

當我們參加重要會議時，不能頻頻關注手機或行動裝置，這會讓與會者覺得不受尊重，你也可能因爲分心而疏忽了現場的重要資訊。

行動裝置不只要關靜音，連震動都要關閉，因爲當手機震動，還是會有干擾。

要讓對方覺得你的焦點都在他身上，你的身體可以微微前傾，座位盡量選在對方側邊，或者對角的位置，不要對坐。對坐感覺像是在談判，敵意感比較強。

握手也有學問

握手的方式與禮儀也很重要。

國際禮儀場合以女士優先爲原則，商務禮儀場合以職級位階尊卑爲原則。位階職級較低者應主動向位階職級較高者點頭示意，當高階者伸手示意握手時，應立即致謝回禮，以表榮幸開心之情。

手部要保持乾淨，手汗要擦乾。握手時，要有一點力道，像握一顆雞蛋，視線要看著對方。

交換名片

交換名片時，要讓對方留下好印象，不要因爲疏忽而留給對方不好的印象。

名片應以雙手遞交，雙手接收，以示尊重。遞交名片時，應將名片朝上，字朝對方閱讀方向，使對方能夠清楚地看到資訊。

若兩人同時間同步遞交名片給對方，記得以右手接對方名片以示尊位，同時以左手遞出自己的名片，以符合商務禮儀的原則。但仍以雙手接遞爲最佳選擇。

交換名片的方式和習慣可能因不同的文化和地區而有所不同，遵循當地的禮儀是很重要的。若不確定，可以觀察周圍人的行爲並遵循他們的做法。

以下是交換名片時可能會出現的錯誤，請各位留心：

1. 不注意名片的外觀

名片作爲個人和公司的代表，應保持整潔、專業和高品質。破舊、汙損或印刷錯誤的名片可能給人留下不良印象。

2. 不適當的時間和場合

交換名片應在正式的商務場合或會議期間進行，不應在非正式或私人社交活動中進行，避免顯得不恰當或不專業。

3. 輕忽名片的重要性

名片上的資訊對於建立業務聯繫和後續跟進至關重要，因此，及時提供和索取名片，可以方便後續的聯繫和交流。想要索取對方的名片時，可以詢問：「方便惠賜一張名片嗎？」仔細閱讀和記錄名片上的資訊，並在需要時主動與對方聯繫。

4. **疏忽查看名片**

收到名片後，應立即查看，並表示關注和尊重。遇到罕見字，禮貌地詢問對方，也可以適度回應，比方：「很特別的字呢。」切記，收到名片後不要直接放進口袋，要仔細看過名片，並放在掌心上。

5. **不適當的處理方式**

妥善保管收到的名片，避免折疊、塗改或隨意處理。如需要在對方的名片上做一些備註，應先徵得對方的同意，並且於會面後做名片管理時再書寫。名片代表人的第二張臉，隨意在名片上塗寫或加註，可能被視爲不禮貌或不專業。

注意這些細節並遵循交換名片的基本原則，重要的是保持專業和尊重的態度，將有助於建立積極和持久的商務關係。

稱謂的藝術

稱謂很重要。稱呼對方先生或者小姐，可能因爲對方的裝扮或外型而叫錯，因此，名片上的職稱是很重要的資訊。收到名片後，看清楚名片上職稱，稱呼以職稱爲優先，如果沒有職稱，再稱先生或小姐，避免犯錯造成尷尬。

也可以直接詢問對方：「請問如何稱呼您呢？」這是快速拉近彼此距離的方法。

服裝傳遞重要訊息

在服裝儀容方面，我們要清楚服裝的規範。一般來說，這與公司的企業文化有關，若公司沒有明確的規範，自己就要很注意，怎麼穿能表現你的地位、職位與未來性，這是很重要的訊息傳遞方式。

想在職場中成為受歡迎的人，應對很重要。我們可能會因為細節得罪人而不自知，對方也許不會告訴你，但他會放在心裡，就有可能對你的將來造成負面影響。

4 應酬禮儀：點菜、敬酒的學問

應酬是職場上常見的社交活動，不要以爲應酬就是吃飯喝酒，當中也蘊含很多禮儀。

會議桌外的餐桌上，更是人品與自制力的展現。

應酬有目的，但也要暖場

當了主管之後，我們可能會多了很多應酬。

你要先有個認知：應酬並不是眞的去吃飯，而是透過應酬，培養人際關係、達成交易，或是拉近彼此公司的關係。

因此，應酬當然跟家庭、朋友聚餐是不一樣的。

應酬時，不要一坐下來就馬上進入主題，先暖場，營造氣氛，引導參與者對今天的飯局是有所期待的。

如何暖場？

可以先介紹大家彼此認識，讓不熟的人之間有一些連結。

我通常會對部屬的家庭狀況做一些功課，用家人當成話題，像是孩子的學業，或是個人的嗜好等，都是很好的切入點。這樣的話題容易打開彼此的話匣子，營造輕鬆的氣氛。

經由主辦人的引導，讓大家都很放鬆之後，再逐步進入我們要談的核心話題。

點菜的學問

點菜也有學問。有時候會事先點好菜，但若是現場點菜，我們要記得，把菜單拿給現場最高位的人。如果他要你來點菜，千萬不要眞的自己決定菜色，先詢問大家有沒有什麼飲食禁忌、不吃的東西，例如不吃牛、不吃辣等。

你是與大家一起吃這頓飯，不能只憑自己的喜好點菜，點的菜至少要讓大部分的人都能愉快享用。

先確認大家的飲食禁忌，接著，就可以利用餐點來製造話題。例如，有些餐點擺盤或煮法很特別，我就會點這類的菜。當菜一上桌，大家會想拿起手機拍照，氣氛也會變得熱絡。

敬酒的禮儀

應酬時，不是看到人就敬酒，一定是主人先敬大家第一杯酒，大家再回敬主人，接著才是席間彼此敬酒。

主人可能是東道主或最高位者，如果是中階主管作東，可以把第一杯酒讓給現場最高位的人，由他來跟大家敬酒。

千萬記得，不要一開始吃飯就喝成一團。

不要強迫對方喝酒，碰杯時不要高過對方的杯子。向客人敬酒要記得站起來，不可以坐在位置上直接敬酒。

餐桌禮儀

第一道菜上桌時，一定是讓東道主或最高位者先用。我會特別請服務生把第一道菜給最高位的人，接著再以順時針方向旋轉餐盤，請第二高位的人用。

點菜要配合對方喜好，如果對方吃素，就盡量配合，不要大啖牛排。

吃飯的速度要配合客人，千萬不要自顧自地猛吃。

談話時不要揮舞筷子，不要用自己的筷子幫別人夾菜，不要在餐桌上剔牙。

這些都是非常重要的餐桌禮儀。

常見的餐桌禮儀錯誤包括：

1. **吃相不雅**

用餐過程中，保持良好的姿勢和吃相很重要。避免張嘴太大、大聲咀嚼或有口水滴落等行爲。口中有食物時應避免交談。

2. **搶奪食物**

不要急於搶奪自己喜愛的食物或將餐具伸向他人的盤子分食，尊重他人的空間和個人食物。

3. **用錯餐具**

了解不同餐具的用途，並根據場合使用正確的餐具。確定自己的餐具置放點，避免使用鄰座人員的餐具。

4. **喧鬧或大聲講話**

保持適度的音量和文雅的談話內容。避免喧鬧或大聲講話，或跨桌對話、搶話，以免影響他人。

5. **盤子亂放或交叉使用餐具**

保持餐桌整潔有序是一種禮貌。避免將餐具隨意放置或交叉使用，以免造成混亂。

6. 忽視食物過敏或特殊飲食要求

如果你知道有人對某些食物過敏或有特殊的飲食要求，請尊重並避免提供相關食物。

7. 無禮的評論或批評比較食物

盡量避免在社交應酬中發表無禮的評論或對食物進行不當的批評或比較，像是之前哪家餐廳好吃、哪家不好吃。尊重主人和其他與會者的選擇。

8. 飲酒過量或失態

如果有飲酒，務必注意要適度，避免酒後失態。

9. 不尊重主人的規定

如果主人有特定的用餐規定或禮儀，請遵循他們的要求，以示尊重和配合。

10. **不感謝主人**

結束用餐時，不要忘記對主人表示感激和感謝。先行離席時，務必告知，切勿中途默默離開。

遵循正確的餐桌禮儀，保持尊重、文雅和注意他人的需求，將有助於你在社交場合中表現得體和專業。

在應酬桌上，展現的是個人進退應對的縮影。應酬飯吃得好，也跟個人職涯發展息息相關。

附錄

職場加油站，職涯Q&A

千里之行，始於足下。

不管在哪個領域、哪個位階，一切都是從眼前腳下這一步開始，沒有人可以憑空飛越。這是我從第一份行政工作，一直到現在從事人資培訓，這麼多年以來，最簡單、卻也是最根本的核心態度。

即便是中高階主管，困擾他們的多半還是人際溝通、升遷問題、職涯前景等。更遑論剛入社會、猶如海綿一般的新鮮人，幾乎所有事情都可以是挑戰、都可能覺得挫敗。

專長，跟興趣、潛能有關，但工作態度是人人都必須具備的，只要你希望更上一層樓，就不能忽略最基本的待人處世之道，這決定了你是可被取代的人力，抑或是不可多得的人才。

只要還在職場打拚，本篇附錄的Q&A，就是你在職場上最精要的成就守則。

Q1：行政及祕書能當一輩子的工作嗎？

有不少工作多年的人，一直在擔任祕書或行政人員，想轉任業務單位、研發單位，覺得有困難；跳槽到別處，似乎也只能做行政，感覺職涯只能這樣。別忘了，我就是這樣的工作一路做到幕僚。

在我看來，祕書與行政是拓展職涯版圖的重要開端，這兩份工作最能觸及公司的所有面向，而且你可以將這角色精緻化。

舉例來說，你了解你的公司嗎？了解公司的產品嗎？客戶打電話來，你能夠回答客戶嗎？

我曾經擔任客服單位的主管，一般公司只有業務可以依業績領獎金，我當時就建議公司，如果客戶指名要讓哪一位客服服務，該名客服就可以領獎金。這麼一來，客服就不再只是接電話。好好服務客戶，也會爲自己創造績效。這就是爲自己擴張版圖，也把工作精緻化。

行政工作是公司的基礎，只要公司在，行政就會在。升任中階主管，多半也都要跟行政工作打交道。以我來說，我一開始做行政，後來歷任幾個部門的主管，能夠一直轉、一直晉升，有兩件事可以跟大家分享：

第一，寧可在熟悉的環境中學習不熟悉的事。

只要公司有新的業務範疇，你都可以主動爭取參與，比方爭取擔任新的專案部門助理，雖然你還是助理，但是你也學到了專案管理的經驗。

第二，要給自己目標，擴張版圖。

你可以當研發部助理、業務部助理，接著可以當管理部助理，雖然都是助理，但你會熟悉整個公司的運作。我就是這樣歷練過公司所有部門，後來，公司只要有新部門，老闆就會派我過去，無形中擴張我的實質經驗與版圖，成為無法輕易被取代的角色。

Q2：做行政的人都很內向？行政沒什麼好學的？

一般來說，從事行政工作的人都比較內向，這是與生俱來的特質，但仍可以透過後天的學習與同仁的激勵，讓自己變得積極外向。我是個性比較溫和的人，但在工作上，我會一直思考如何讓組織更好，這讓我覺得自己是組織中的一份子，也因爲這樣，我外顯出來的特質，就是積極、主動。

因此，擔任行政職務，實際上與內向或外向並無直接相關，而是與態度有關。

很多行政人員告訴我，他在公司已經待五年了，沒什麼好學的，想轉職。

我會問他們：「你們公司有沒有繼續經營？如果繼續經營，那公司的產品是不是還會有變化？你都學了嗎？」

通常問到這，答案就很明確。因爲當事者只把眼界放在行政，沒有想像和公司一起與世界接軌。

行政工作當然可以和老闆一起面對公司變化、職務變革。只要公司存在，就需要行政，行政怎會一成不變？

Q3：如何判斷自己做的事是否有價值？

行政人員雖然不一定內向，但通常服從性很高，只要給他一點小小的激勵，他就會全心投入工作。像我是不在意薪水的人，但每次受到老闆肯定，我都會加倍表現得更好，每天都想得到老闆的誇獎。

職場上，我總是把學習擺第一，以學習作爲動機，爆發力是很強的。老闆要我去支援任何單位，我二話不說就會去，雖然大多是陌生的領域，但我會學到很多。

這是許多行政人員不容易做到的事，因爲他們大多不敢跨出自己熟悉的領域。但是當你願意跨出，積極學習，你的價值就會呈現出來。

Q4：助理對團隊能有什麼幫助？

不要小看自己的工作，並記得「一人銷售，全員服務」的原則。

客戶來找業務時，如果業務正在忙，你可以先詢問對方的需求：「請問有什麼我可以爲您服務？」

你可以表達會確實爲他轉達意見，最重要的是，讓客戶感受到，你們整個團隊都知道他，全公司都在爲他服務。

如果客戶想請業務再給個優惠，你可以跟他解釋：「這個價格應該是業務把他的紅利獎金都扣掉了。」

若能這樣的應對，表示你也了解報價細節，你是在幫業務說話，也是在給客戶一個暗示。他聽了之後，可能本來想殺價一千萬，現在變成五百萬，業務也會感謝你幫他。誰說業務助理只是助理？

Q5：如何多做卻不越權？

有些人會擔心擴張版圖是否有越權的問題，這很容易判別，差別在於你如何與客戶溝通。

例如，身爲助理，你如果跑去跟客戶說：「你要下訂單的話，可以告訴我。」這就是越權。

你應該是幫業務推一把，跟客戶說：「業務 Brian 非常棒，眞的可以多找他服務。」

你是在促成這件事，但業務並不會覺得你在搶單，客戶也會看到整個團隊很有層次。

可能又有人反問：「這是業務賺錢，對我又沒好處！」

這個問題非常好，因爲很實際。我會鼓勵你主動跟業務討論，用輕鬆的方式表達：「你這次業務做成，我也有貢獻啊！」

讓業務請你喝一杯咖啡或吃一頓下午茶都可以，重點是讓業務知道你在幫他。

Q6：與平行同事合作時，如何整合跨部門資源？

溝通技巧、表達方式、發揮創意，這三項要素很重要。

表達方式很重要，同一件事，換句話說，往往會有截然不同的效果。電郵主旨註明「提醒」與「溫馨提醒」，收件人的觀感就很不一樣。即使你在執行職務，若非必要，別對同事下指令。因爲你只是小主管，不是老闆，要以溫馨提醒取代指令。

就有學員分享他的經驗，工作彙報往往會被某些喜歡拖拖拉拉的同事耽誤，結果害他被老闆罵。

我問他信是怎麼寫的，他習慣寫：「你工作進度怎麼樣，我要向老闆報告。」

收到這封信的人，十之八九都不會回應，因爲太不友善了，像是被下指令。

如果稍微換個口吻，改成：「上次的進度報告還沒收到，老闆和總經理非常關心這份資料。」

強調是老闆要看，而且非常關心，對方的防衛就會減少許多。

我曾經遇過一個紅牌副總，他對我的態度一直很不友善，有一次，我為了等他的報告，在辦公室等到晚上十點多。他沒想到我如此堅持，於是趕緊給我，之後再也沒遲交過。

催收文件往往是最令人煩躁的時刻，很多人都會拖拉，導致自己的回報進度也跟著延誤。

我曾經為了鼓勵同仁不要遲交報告，舉辦交報告競賽，第一名可以獲得我特別準備的禮物。別小看這遊戲，大家覺得新鮮好玩，就會踴躍參與，老闆也很肯定我的做法。

我會盡可能用很多有趣的方式去完成老闆交付的任務，過程輕鬆好玩，又能整合內部與跨部門。

Q7：如何找到自己的發展空間？

很多學員會跟我抱怨公司這不好、那不好，想轉換職場。

這時我會反問：「你認爲，可以長久待在一家公司的條件是什麼？」

對方告訴我：「希望公司給我發展的空間。」

我又問：「那你覺得，現在的公司沒有給你什麼樣的發展空間？」

我們要自己定義未來可能涉及的工作範疇，找出發展的空間。除非公司快要倒閉、老闆每天都在跑三點半，否則，長久待在一家公司的條件，自己要先確立。

如果你覺得現在的工作很沒意義的話，可以嘗試「一三五法則」。

「一」就是每天找一份具有挑戰性的工作；「三」是三件你常常在做的事；「五」是五件你已經熟能生巧的事。

你要將例行、熟悉的工作慢慢交給其他人執行，讓自己可以專注在那一份具有挑戰性的工作上。這麼一來，工作就會有變化，你會發現可能的發展空間，不再居於被動。

Q8：行政工作是否有機會升任高層特助或幕僚？

我的職涯就是這個問題最好的見證與解答。一份工作的價值，不是既定的，端視每個人的動機、目的與視野。

行政職務側重執行；特助與幕僚需要對結果負責，因此，能否扛責決定了你的高度。換言之，如果你的心態保守，認爲把工作做完就好，當然升遷空間就有限。反之，若能抱持好奇、新鮮、開放的心，那麼，大好前景就在眼前。

Q9：給年輕人在職場上更精進的建議

很多年輕人剛踏入職場，還不確定自己的喜好，因此先選擇行政職務跨入。我認爲這是很好的選擇，因爲行政是公司基底，而且涉及所有部門，可以藉此觀察自己的喜好，再主動爭取見習的機會，便能從中汲取非常多寶貴的經驗。

我常跟年輕人分享，在外頭，學習是要花錢的，但在公司裡，你爭取見習，不僅不用繳學費，還有薪水領。如果老闆看見、肯定你的學習態度，還有機會平步青雲。這種好事，何樂不爲？

有些人會在意自己多付出，薪水也沒有多一點，何必多做。我想再次強調：你領的薪水，反映你的貢獻。當你願意學習，我相信沒有什麼比這種敞開的心更有價值，這份心也會讓你從人力日常品，蛻變成爲人力精品！

Eurasian Publishing Group
圓神出版事業機構
用心與你對話・視野無限寬廣
先覺出版社
Prophet Press
www.booklife.com.tw
reader@mail.eurasian.com.tw
商戰 232

把微不足道的小事放在心上

千萬職場名師教你做對30個細節，打破職涯天花板

作　　者／周純如
發 行 人／簡志忠
出 版 者／先覺出版股份有限公司
地　　址／臺北市南京東路四段50號6樓之1
電　　話／（02）2579-6600・2579-8800・2570-3939
傳　　真／（02）2579-0338・2577-3220・2570-3636
副 社 長／陳秋月
主　　編／李宛蓁
專案企畫／尉遲佩文
文字協力／陳心怡
責任編輯／劉珈盈
校　　對／劉珈盈・林淑鈴
美術編輯／金益健
行銷企畫／陳禹伶・黃惟儂
印務統籌／劉鳳剛・高榮祥
監　　印／高榮祥
排　　版／莊寶鈴
經 銷 商／叩應股份有限公司
郵撥帳號／18707239
法律顧問／圓神出版事業機構法律顧問　蕭雄淋律師
印　　刷／祥峰印刷廠
2023年10月　初版
2024年1月　4刷

定價360元
ISBN 978-986-134-450-8

唯有你看重自己的角色，並且能以團隊的視野看到整體績效，這麼一來，你將不再只是為自己做事，而是看到更恢宏的藍圖，為公司帶來效益，也為自己擴展價值。

——《把微不足道的小事放在心上》

國家圖書館出版品預行編目資料

把微不足道的小事放在心上：千萬職場名師教你做對 30 個細節，打破職涯天花板／周純如著. -- 初版. -- 台北市：先覺出版股份有限公司，2023.10
264 面；14.8×20.8公分 --（商戰系列；232）

ISBN 978-986-134-450-8（平裝）

1. 職場成功法
494.35 112000234